Dr. Nilormi Biswas

Impactos oclusais num nanocompósito natural

Dr. Nilormi Biswas

Impactos oclusais num nanocompósito natural

Compreender a sua tolerância única à estirpe

ScienciaScripts

Imprint
Any brand names and product names mentioned in this book are subject to trademark, brand or patent protection and are trademarks or registered trademarks of their respective holders. The use of brand names, product names, common names, trade names, product descriptions etc. even without a particular marking in this work is in no way to be construed to mean that such names may be regarded as unrestricted in respect of trademark and brand protection legislation and could thus be used by anyone.

Cover image: www.ingimage.com

This book is a translation from the original published under ISBN 978-620-7-46306-0.

Publisher:
Sciencia Scripts
is a trademark of
Dodo Books Indian Ocean Ltd. and OmniScriptum S.R.L publishing group

120 High Road, East Finchley, London, N2 9ED, United Kingdom
Str. Armeneasca 28/1, office 1, Chisinau MD-2012, Republic of Moldova, Europe
Printed at: see last page
ISBN: 978-620-3-63972-8

Conteúdo

Dedicado a
A minha mãe, a Sra. Sutapa Biswas
O meu pai, Sr. Anil Kumar Biswas
O meu marido, Dr. Debashis Ghatak

Início da viagem

De um modo geral, devido às suas diversas propriedades funcionais, os nanomateriais têm muitas aplicações potenciais, por exemplo, dispositivos e sensores baseados em películas finas, fotónica avançada, dispositivos optoelectrónicos, bioimplantes e vários outros domínios. Por conseguinte, a sua síntese e caraterização surgiram como uma área importante da investigação atual em física dos materiais. No entanto, para além dos nanomateriais sintéticos, a Mãe Natureza também nos oferece uma grande variedade de estruturas hierárquicas de crescimento natural (por exemplo, osso, dentes, escamas, conchas, etc.) à escala de macro, micro e nano comprimentos. Geralmente, estas estruturas trabalham em conjunto para desempenhar diversas funções mecânicas, biológicas e químicas. A ciência subjacente a estas estruturas e a correlação com as suas propriedades ainda não são totalmente compreendidas. No entanto, a compreensão desta ciência seria certamente de enorme importância tecnológica e social para o desenvolvimento de vários nanomateriais sintéticos funcionais em geral e de materiais de restauração dentária, em particular.

A este respeito, pode referir-se que o esmalte dos dentes é o material natural mais duro do corpo humano. O que é o esmalte? É caracteristicamente frágil, uma vez que é um nanocompósito híbrido de base cerâmica constituído por nanocristais de hidroxiapatite (HAP) embebidos numa matriz orgânico-proteica com estruturas hierárquicas que vão da macroestrutura à microestrutura, da sub-microestrutura à nanoestrutura e à sub-nanoestrutura. Curiosamente, o esmalte dos dentes sobrevive normalmente até à velhice sem apresentar qualquer falha catastrófica, mesmo que tenha sofrido até mil milhões de contactos entre si. Assim, a estrutura do esmalte constitui uma oportunidade única para estudar a física da deformação durante esses eventos de contacto à escala nanométrica e microscópica.

Por outro lado, a dentina, uma camada muito mais macia com elevada tenacidade, está ligada ao esmalte por uma junção dentina-esmalte (DEJ) altamente recortada que mantém as duas camadas de tecido muito diferentes no dente. Qual é o comportamento de deformação à nanoescala do contacto na região da dentina? É possível modelar a resistência da região do esmalte em termos de modelos clássicos de compósitos? A possível resposta a estas questões científicas é discutida no presente livro.

Além disso, foram efectuados estudos sistemáticos na área relacionada com a física da deformação no regime de escala de micro-comprimento do dente humano como um nanocompósito natural representativo. É estudada a questão mais importante do crescimento de fissuras no esmalte. Apresenta-se aqui uma abordagem coerente que inclui o efeito da biomineralização na correlação estrutura-propriedade dos tecidos dentários.

Os analistas da indústria global anunciam que, devido ao envelhecimento da população e à crescente sensibilização para os cuidados orais e para os desenvolvimentos tecnológicos, a procura de procedimentos dentários preventivos e cosméticos aumentou muito mais do que nunca. Assim, prevê-se que o mercado global de material dentário atinja 19,4 mil milhões de dólares até ao ano de 2017. Do mesmo modo, prevê-se que a dimensão do mercado indiano de implantes dentários seja de cerca de 120 milhões de dólares no ano em curso e que cresça a uma taxa de crescimento anual composta de cerca de 20% durante a década atual. Esta enorme dimensão do mercado significa que existe uma enorme procura de melhores materiais de restauração dentária, bem como de outros materiais de implantes.

Espero sinceramente que o livro marque o início de uma humilde jornada nesta área da nanoindentação de um nanobiocompósito com vista ao desenvolvimento futurista de melhores materiais de restauração dentária.

Nilormi Biswas
fevereiro de 2024

Capítulo 1

1.1 Contexto do problema

Os nanomateriais têm muitas aplicações potenciais devido às suas diversas propriedades funcionais [1-10]. Atualmente, a gama é realmente enorme, tão grande que abordar todos os seus aspectos é, por si só, uma tarefa enorme, se não mesmo impossível. No entanto, continua a ser imperativo ter uma visão panorâmica do cenário global, mesmo que este esteja, de facto, longe de estar completo. Assim, uma gama ilustrativa típica pode incluir, mas não necessariamente limitar-se a, por exemplo, dispositivos e sensores baseados em películas finas [1, 2], fotónica avançada [3-5, 9], dispositivos optoelectrónicos [6, 7], bioimplantes [10], medicina reprodutiva e biologia reprodutiva [11], imagiologia celular [12] e vários outros domínios interdisciplinares [8, 13, 14]. Por conseguinte, a sua caraterização e síntese surgiram como uma área importante da investigação atual em *"Física dos Materiais"*.

Por conseguinte, não é surpreendente que, para além dos esforços humanos no desenvolvimento de nanomateriais através de numerosas vias sintéticas, tenha surgido uma disciplina importante em que a principal abordagem é olhar para o "Mundo Natural" e as "Coisas Naturais" que nos rodeiam e tentar compreender por que razão são como são. A filosofia básica que funciona aqui é que, se conseguirmos compreender a relação estrutura-propriedade, por um lado, e o desempenho multifuncional destes materiais naturais, por outro, isso pode ajudar-nos a tentar desenvolver materiais semelhantes no futuro através de meios de síntese adequados. Este é o paradigma global e a área de sede do conhecimento que serve de âmbito e, por conseguinte, de impulso para o presente trabalho de dissertação.

Para chegar a este ponto, temos de compreender que a *"Mãe Natureza"* preparou materiais biológicos mineralizados, tais como ossos, dentes, conchas, etc., que proporcionam capacidade de carga e funções de proteção. Estes materiais naturais têm uma caraterística universal: são dotados de uma hierarquia estrutural que vai desde a escala nanométrica até à escala macrométrica e estas estruturas trabalham em conjunto para desempenhar diversas funções mecânicas, biológicas e químicas.

Na escala de comprimento mais baixa, ou seja, no regime de comprimento nanométrico, estes materiais apresentam uma estrutura nanocompósita. A beleza destas estruturas nanocompósitas reside no facto de proporcionarem uma dureza, tenacidade, capacidade de suportar deformações e, consequentemente, uma resistência mecânica muito superiores às dos seus componentes individuais [10-15, 16]. Assim, é espantoso saber que, utilizando apenas a geometria e as variações localizadas nas composições químicas, bem como as estruturas como parâmetros de conceção, *a Mãe Natureza* cria materiais superiores com propriedades mecânicas melhoradas. Estes biomateriais proporcionam não só proteção, mas também grande robustez contra falhas catastróficas [10]. O feito mais notável a este respeito é a elevada tenacidade [15]. É a capacidade de dissipar energia de forma reprodutível e repetida sob grandes cargas que faz destes materiais biológicos naturais uma área muito importante de investigação emergente na física da deformação [16].

A este respeito, é de facto importante notar que a estrutura do dente tem uma hierarquia estrutural e é um nanocompósito à base de fosfato de cálcio funcionalmente graduado [17]. É dotada de várias funções dentro da cavidade oral. Dentro da cavidade, sofre e experimenta cargas variáveis [18]. Mas, apesar disso, o dente nunca sofre uma falha catastrófica, exceto devido a choques extremos, acidentes e doenças. A simples pergunta que nos vem à cabeça é o que é que dá ao dente esta capacidade. O dente degrada-se mecânica e estruturalmente quando é afetado por cáries e outro tipo de doenças. É então restaurado através de implantes artificiais, de modo a recuperar o seu funcionamento correto e a manter a beleza estética da cavidade oral. O dente degrada-se mecânica e estruturalmente quando é afetado por cáries e outro tipo de doenças. É então restaurado através de implantes artificiais, de modo a recuperar o seu bom funcionamento e a manter a beleza estética da cavidade oral.

Por conseguinte, o conhecimento das deformações mecânicas de vários tecidos relacionados sob cargas variáveis e outras condições relacionadas é muito necessário para uma seleção bem sucedida dos materiais que serão utilizados para a confeção de tais implantes, tal como mencionado acima [10]. Estes estudos contribuirão certamente para o desenvolvimento de melhores materiais de restauração dentária com propriedades mecânicas adequadas.

Para compreender o comportamento mecânico dos materiais biológicos que suportam cargas, é muito necessário obter um conhecimento profundo dos componentes básicos que os constituem e da forma como estão dispostos em três dimensões. São as estruturas e os desempenhos dos componentes individuais e as suas disposições nesta estrutura hierárquica que definem o desempenho do sistema.

O dente tem uma estrutura complexa composta por vários tecidos. Por isso, o seu comportamento é muito complexo. Do ponto de vista da física da deformação, a situação torna-se ainda mais complexa quando a carga não é constante, mas uma quantidade variável. Todos os eventos induzidos pelo contacto que ocorrem durante os movimentos mastigatórios do dente são a soma total de uma multiplicidade de eventos de contacto à nanoescala sob uma grande variedade de taxas de carga que ainda não foram estudadas em detalhes significativos [10, 15-25]. Esta informação sugere que esta é uma área em que a base de conhecimentos é insuficiente e, por isso, merece uma atenção minuciosa como a que foi fornecida no presente trabalho de dissertação.

No presente estudo, utilizando a nova técnica de nanoindentação, a resposta dos vários tecidos da estrutura dentária sob uma variedade de condições de carga é explorada e interpretada. Para o efeito, é utilizado um nanoindentador Berkovich. Assim, as propriedades nanomecânicas, como a nanodureza, o módulo de Young, a fluência da nanoindentação, etc., bem como as respostas elásticas e elasto-plásticas relacionadas de vários tecidos dentários, são avaliadas no presente trabalho de dissertação em função das cargas, das taxas de carga, da duração do contacto e de muitos parâmetros experimentais relacionados.

Os resultados destas novas avaliações e a respectiva modelação fenomenológica preliminar realçam a importância da nanoestrutura e da microestrutura de vários tecidos dentários. Também ajudará a negociar as diferentes taxas de dissipação de energia devido a variações nas taxas de carga, os principais papéis desempenhados pelas alterações nas extensões de biomineralização, bem como as consequentes alterações nas orientações locais dos diferentes tecidos dentários, e as variações localizadas nos mecanismos de relaxamento da tensão durante as deformações de contacto à escala nano e micro nos vários tecidos dentários.

Como consequência do presente trabalho de dissertação, surge um conceito de resistência única à deformação por contacto à escala nanométrica do esmalte, que é intrínseca à sua natureza. Finalmente, estes resultados são coerentemente colocados como flores numa grinalda para emergir, na sua essência, uma imagem global da física relacionada com a deformação em diferentes escalas de comprimento, abrangendo as escalas nano, micro e macro.

A dissertação termina com o âmbito de um trabalho futuro muito interessante que tenta indicar as direcções em que esta investigação emergente precisa de florescer para uma utilização mais frutuosa do ponto de vista social. Espera-se que a base de conhecimentos detalhada gerada no presente trabalho de dissertação ajude definitivamente no desenvolvimento de implantes dentários artificiais e de outros produtos de higiene oral.

Referências

[1] S. Mitra, A. Mandal, S. Banerjee, A. Datta, S. Bhattacharya, A. Bose e D. Chakravorty, "Template based growth of nanoscaled films: a brief review," Indian Journal of Physics, 85 (2011) 649-666.

[2] R. Wu, K. Zhou, C. Yoon Yue, J. Wei e Y. Pan, "Recent progress in synthesis, properties and potential applications of SiC nanomaterials," Progress in Materials Science, 72 (2015) 1-60.

[3] G. Mandal e T. Ganguly, "Applications of nanomaterials in the different fields of photosciences," Indian Journal of Physics, 85 (2011) 1229-1245.

[4] S. Sarmah e A. Kumar, "Photocatalytic activity of polyaniline-TiO2 nanocomposites," Indian Journal of Physics, 85 (2011) 713-726.

[5] D. Sajan, T. Kurnvilla, K. P. Laladhas e I. F. Joe, "Surface-enhanced Raman scattering and DFT theoretical studies on the adsorption behavior of plumbagin on silver nanoparticles," Indian Journal of Physics, 85 (2011) 477-484.

[6] H. Wu e L. Hu, "11 - Abordagens físicas para ajustar o processo de luminescência de pontos quânticos coloidais e aplicações em dispositivos optoelectrónicos," Modelação, Caracterização e Produção de Nanomateriais, (2015) 289-321

[7] S. Sarmah e A. Kumar, "Optical properties of SnO2 nanoparticles," Indian Journal Physics, 84 (2010) 1211-1221.

[8] S. Devi e M. Srivastava, "Solgel synthesis and structural characterization of silver-silica nanocomposites," Indian Journal Physics, 84 (2010) 1561-1566.

[9] A. U. Ubale e A. N. Bargal, "Characterization of nanostructured photosensitive cadmium sulphide thin films grown by SILAR deposition technique," Indian Journal Physics, 84 (2010) 1497-1507.

[10] P. Y. Chen, A. Y. M. Lin, Y. S. Lin, Y. Seki, A. G. Stokes, J. Peyras, E. A. Olevsky, M. A. Meyers e J. McKittrick, "Structure and Mechanical properties of selected biological materials," Journal of the Mechanical Behavior of Biomedical Materials, 1 (2008) 208-226.

[11] N. Barkalina, C. Charalambous, C. Jones e Kevin Coward, "Nanotechnology in reproductive medicine: Emerging applications of nanomaterials," Nanomedicine: Nanotecnologia, Biologia e Medicina, 10 (2014) 921-938.

[12] Y. Zhuo, H. Miao, D. Zhong, S. Zhu e X. Yang, "Síntese num só passo de pontos de carbono de elevado rendimento quântico e emissão independente da excitação para imagiologia celular", Materials Letters, 139 (2015) 197-200.

[13] A. K. Hussein, "Applications of nanotechnology in renewable energies-A comprehensive overview and understanding", Renewable and Sustainable Energy Reviews, 42 (2015) 460-476.

[14] H. Mianehrow, M. H. M. Moghadam, F. Sharif e S. Mazinani, "Estabilização do óxido de grafeno em soluções electrolíticas utilizando hidroxietilcelulose para aplicação na administração de medicamentos," International Journal of Pharmaceutics, 484 (2015) 276-282.

[15] M. A. Meyers, P. Y. Chen, A. Y. M. Lin e Y. Seki, "Biological materials: Structure and mechanical properties," Progress in Materials Science, 53 (2008) 1-206.

[16] G. M. Luz e J. F. Mano, "Estruturas mineralizadas na natureza: Examples and inspirations for the design of new composite materials and biomaterials," Composite Science and Technology, 70 (2010) 1777-1788.

[17] S. Marwan, A. Haik, A. Trinkle, D. Garcia e F. Yang, "Investigation of nanomechanical and tribological properties of dental materials," International Journal of Theoretical and Applied Multiscale Mechanics, 1 (2009) 1-15.

[18] S. F. Ang, E. F. Bortel, M. V. Swain, A. Klocke e G. A. Schneider, "Sizedependent elastic/inelastic behavior of enamel over millimeter and nanometer length scales," Biomaterials, 31 (2010) 1955-1963.

[19] F. Lippert, D. M. Parker e K. D. Jandt, "Susceptibility of deciduous and permanent enamel to dietary acid-induced erosion studied with atomic force microscopy nanoindentation," European Journal of Oral Science, 112 (2004) 61-66.

[20] J. Ge, F. Z. Cui, X. M. Wang e H.M. Feng, "Property variations in the prism and the organic sheath within enamel by nanoindentation," Biomaterials, 26 (2005) 33333339.

[21] J. L. Cuy, A. B. Mann, K. J. Livi, M. F. Teaford e T. P. Weighs, "Nanoindentation mapping of the mechanical properties of human molar tooth enamel," Archives of Oral Biology, vol. 47, no. 4, pp. 281-291, 2002.

[22] S. Poolthong, M. V. Swain e T. Mori, "Mechanical properties of tooth following different storage conditions," Journal of Dental Materials, 77 (1998) 1120-1136.

[23] S. Park, D. H. Wang, D. Zhang, E. Romberq e D. Arola, "Mechanical properties of human enamel as a function of age and location in the tooth," Journal of Materials Science: Materials in Medicine, 19 (2008) 2317-2324.

[24] J. Zhou e L. L. Hsiung, "Depth-dependent mechanical properties of enamel by nanoindentation," Journal of Biomedical Research Part A, 81 (2007) 66-74.

[25] A. Zamiri e S. De, "Mechanical properties of hydroxyapatite single crystals from nanoindentation data," Journal of the Mechanical Behavior of Biomedical Materials, 4 (2008) 146-152.

Capítulo 2

Apresenta uma revisão exaustiva da literatura sobre os vários tipos de biomateriais que a Mãe Natureza criou, a base de conhecimentos gerada a partir de vários relatórios sobre a estrutura dentária e as avaliações baseadas em micro/nano-indentação das correspondentes correlações estrutura-propriedade.

2.1 Propriedades mecânicas dos materiais biológicos

As propriedades mecânicas da superfície desempenham um papel vital em todos os processos biológicos. Influenciam a morfogénese, as capacidades de auto-cura e os processos de restauração, a adesão focal, a motilidade, etc., em todos os processos biológicos. Estes factores, por outro lado, são importantes para aplicações como a administração de medicamentos e outras. Estes processos abordam questões básicas em biologia medicinal e diagnóstico, investigação em farmácia e arqueologia, aplicações dentárias e cosméticas.

Como exemplo típico, a resposta mecânica superficial de uma célula pode fornecer-nos a informação sobre se o órgão em causa está a funcionar corretamente ou se apresenta algumas complicações. As complicações, se existirem, podem levar a processos bioquímicos e biofísicos mal regulados [1-3]. Existem relatórios em que o diagnóstico precoce da osteoporose pode estar relacionado com uma alteração das propriedades mecânicas do osso [4].

Em particular, todos os sistemas de amostras biológicas se assemelham a arquitecturas bioquímicas e biofísicas complexas. Mais importante ainda, apresentam uma hierarquia de estrutura. Observou-se que o desempenho mecânico dos materiais biológicos depende de propriedades a diferentes escalas de comprimento, por exemplo, desde o macrómetro ao micrómetro e ao nanómetro. Os materiais compósitos nano-bio-híbridos naturais, por exemplo, dente, osso, escama, concha, chifre [5-13], etc., apresentam uma disposição variada de estruturas materiais a várias escalas de comprimento. Estas estruturas trabalham em conjunto para desempenhar diversas funções mecânicas, biológicas e químicas. Estas propriedades multiobjectivas das estruturas naturais encontram-se frequentemente numa forma funcionalmente graduada a nível local ou, de facto, em todo o corpo. A ciência subjacente a estas estruturas e a correlação com as propriedades mecânicas ainda não foi totalmente compreendida. No entanto, não há dúvida de que a compreensão desta ciência é certamente de uma enorme importância tecnológica e social.

Existem três formas de medir as propriedades micro e/ou nanomecânicas dos biomateriais. Pode ser feita por nanoindentação utilizando um microscópio de força atómica (AFM). Também pode ser efectuado utilizando um nanoindentador sem uma instalação AFM. Basicamente, é utilizada uma técnica de indentação por deteção de profundidade (DS) nestas experiências de nanoindentação. Esta é a forma mais comum de efetuar este tipo de experiências. O terceiro método envolve uma combinação de microscopia de sonda de varrimento in situ e nanoindentação.

Thurner [14] apresenta uma panorâmica geral onde resume os resultados de vários estudos clínicos sobre a indentação de ossos humanos e animais. Além disso, a técnica de nanoindentação também tem sido utilizada para estudar as propriedades mecânicas de vários biomateriais, por exemplo, sementes de frutos [15], nácar [16, 17], cutículas de insectos [17-20], seta de osga [21], escamas de peixe [12], conchas [22, 23], parede de casco de bovino [17-19], esclerótica [24], cabelo [24], osso [25-28], dente de tubarão [29], tecido mineralizado [30] e cartilagem [31].

Os estudos de nanoindentação também podem ser efectuados em biomateriais mais macios e também são relatados, embora existam poucos relatórios disponíveis na literatura. Akhtar et al. [32] utiliza a técnica de nanoindentação (NI) para investigar secções de 5 mm de espessura da aorta e da veia cava de furão. A aplicação de uma versão alargada da técnica de Oliver e Pharr permite obter uma condição que se traduz num efeito mínimo das propriedades mecânicas do substrato sobre as do tecido. Os resultados estabelecem uma correlação clara entre a rigidez do tecido e a densidade de fibras elásticas [32]. Os tecidos arteriais armazenados a - 80° C apresentam valores de módulo de Young praticamente iguais aos avaliados à temperatura ambiente quando medidos pela técnica similar de NI [33]. Da mesma forma, a técnica de NI surge como uma ferramenta importante para entender o processo de mielinização [34]. De forma análoga, a técnica de NI é explorada no caso de pele murina recentemente excisada para obter informações valiosas sobre dois mecanismos essenciais de administração de fármacos, por exemplo, o adesivo de micro-nano-projeção e a administração balística [35]. Assim, a técnica de NI também se revela útil para compreender a alteração das propriedades nanomecânicas das membranas celulares sem colesterol e com colesterol restaurado [36].

2.2 Estrutura dentária e sua hierarquia

Como se pode ver pelo grande número de exemplos diferentes, a nanoindentação continua a ser um método utilizado principalmente para a investigação de sistemas de amostras relativamente duros. Os exemplos selecionados realçam a diversidade de estudos fundamentais que podem ser realizados para relacionar diferentes aspectos, como o envelhecimento, a degradação, a influência do ambiente nas propriedades dos materiais, etc., com o desempenho micro e nanomecânico. Para além das propriedades micro e nanomecânicas, os conceitos de conceção funcional também podem ser elucidados por nanoindentação.

2.2.1 Estrutura hierárquica do esmalte

Em relação ao que precede, outro sistema natural que representa uma importante classe de materiais biomédicos é o dente natural. Este apresenta, por exemplo, uma dureza extrema, excelente resistência ao desgaste, anti-fadiga e capacidade de resistência a fissuras. A compreensão das propriedades individuais, bem como uma investigação detalhada sobre a arquitetura, a composição química e os factores que diminuem o desempenho do material do dente são de enorme importância. À semelhança do osso, também no dente se encontra uma estrutura hierárquica na arquitetura do material [5, 6]. O estudo de nanoindentação é amplamente utilizado para investigar as caraterísticas do material dentário. É bem conhecido Agora, esse dente é praticamente um compósito nano-híbrido orgânico-cerâmico composto por esmalte duro, dentina mais dúctil e um tecido conjuntivo mole, a polpa dentária.

O esmalte é a estrutura mais dura do corpo humano, compreendendo aproximadamente 96% em peso de hidroxiapatite (HAP). A microestrutura do esmalte apresenta diferentes orientações de prismas ou bastonetes de esmalte estreitamente empilhados. Estas hastes são encapsuladas por uma proteína orgânica denominada bainha de esmalte. Além disso, os prismas ou bastonetes são constituídos por cristais inorgânicos de HAP de tamanho nanométrico com diferentes orientações no seu interior [37].

2.2.2 Estrutura hierárquica da dentina

Por outro lado, a dentina possui uma estrutura porosa e é constituída por ~ 70% de material inorgânico (ou seja, HAP), ~ 20% de materiais orgânicos (ou seja, fibra de colagénio) e ~ 10% de água em peso. Por outro lado, a dentina tem uma matriz de colagénio reforçada com nanocristais de HAP retidos camada a camada. O leito composto de dentina também tem túbulos dentinários, microestruturas semelhantes a canais que fornecem a nutrição da região da polpa para a parte da coroa do dente [37]

2.2.3 Estrutura fundida da junção dentina-esmalte (DEJ)

Em contraste, a interface entre o esmalte e a junção dentinária (DEJ) está disposta com escavações em forma de cúpula. Por conseguinte, a interface irregular liga os dois tecidos, por exemplo, o esmalte e a dentina. A superfície da junção nanocompósita dentina-esmalte (DEJ) é altamente recortada e tem cavidades nas quais as depressões superficiais da dentina se encaixam na projeção circular do nanocompósito de esmalte duro, fazendo assim com que a capa de nanocompósito de esmalte se mantenha firmemente na dentina [37].

2.3 Porque é que estamos interessados nas propriedades mecânicas do dente?

Como resultado da mastigação, a região do nanocompósito de esmalte oclusal e os pontos de contacto proximais sofrem alterações nas taxas de carga. Durante uma carga oclusal elevada, podem ser geradas fissuras na região do nanocompósito de esmalte, mas estas raramente se propagam através da JDE para a dentina, fraturando todo o dente.

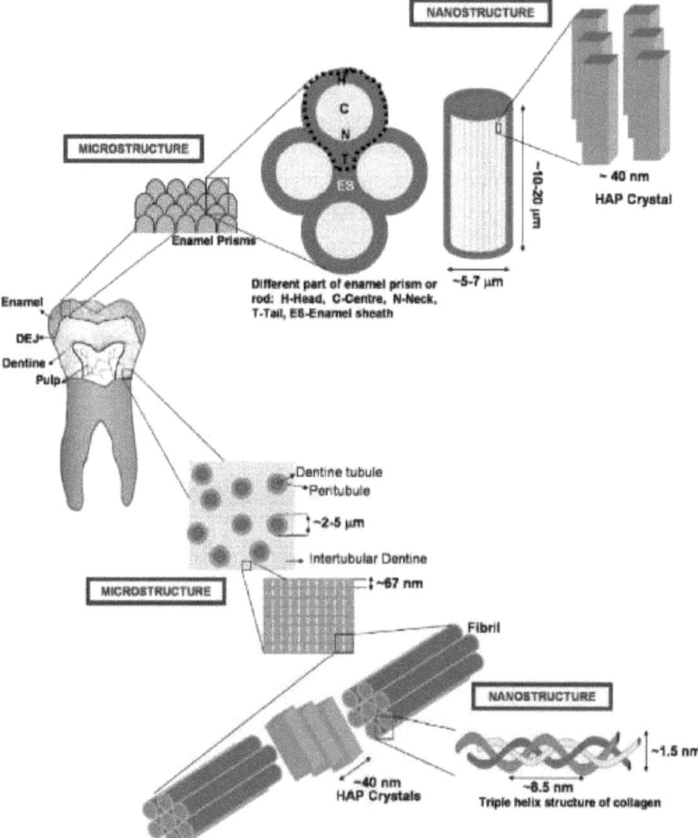

Fig. 2.1 : Diagrama esquemático da macro, micro e nanoestrutura do esmalte e da dentina de um dente humano.

O DEJ é relatado como sendo ~75% menos resistente do que a dentina e ~5 a 10 vezes mais resistente do que o nanocompósito do esmalte [38]. O componente proteico do dente ajuda a absorver grandes quantidades de deformação e a dissipar energia adicional [39]. É sabido que a JDE é uma camada fina com propriedades que mudam da região da dentina para a região do nanocompósito do esmalte. As fibras dentinárias terminam na junção onde os cristalitos HAP começam a mostrar as caraterísticas do nanocompósito do esmalte [40].

As propriedades a nível macro do dente humano são frequentemente determinadas pelas respectivas estruturas a nível micro e/ou nano (Fig. 2.1). Além disso, a cerâmica de hidroxiapatite é propensa a sofrer danos por contacto devido à sua fragilidade. No entanto, o esmalte dos dentes sobrevive normalmente até à velhice sem apresentar qualquer falha catastrófica, mesmo que tenha sofrido até mil milhões de contactos entre si e com outro material. Assim, a propriedade mecânica, especialmente a dureza da estrutura do esmalte, necessita de um estudo exaustivo.

2.3.1 Respostas mecânicas do esmalte frágil

Investigações recentes indicam que as forças mastigatórias variam de 28 N a mais de 1200 N [41, 42]. Ao mesmo tempo, a área de contacto pode ser tão pequena como alguns milímetros quadrados. É espantoso que o esmalte possa sustentar e sobreviver a forças tão elevadas durante milhões de ciclos. Algumas condições fisiológicas típicas da boca/dente foram listadas na Tabela 2.1 adoptada de [43].

Para ilustrar o excelente desempenho do esmalte, as pessoas iniciaram testes mecânicos neste material natural optimizado. Além disso, o conhecimento das propriedades mecânicas e das caraterísticas microestruturais do esmalte dentário é importante para (a) compreender a dissipação de tensões no dente, (b) desenvolver materiais de restauração biomiméticos e (c) para a execução de preparações clínicas dentárias. As microestruturas hierárquicas conferem ao esmalte propriedades mecânicas anisotrópicas únicas. Esta anisotropia única de propriedades mecânicas, juntamente com as magnitudes relevantes das propriedades mecânicas relacionadas, garante a sua sobrevivência ao longo da vida na boca como um órgão de suporte de carga. Embora tenham sido efectuados numerosos testes para explorar as propriedades mecânicas do esmalte sob diferentes aspectos desde o século XIX, esta continua a ser uma área de intensa investigação no domínio dos biomateriais, uma vez que os fundamentos da relação estrutura-propriedade neste fantástico compósito nano-bio-híbrido natural ainda estão longe de ser bem compreendidos.

Tabela 2.1: Condições de funcionamento dos dentes [43]

Taxa de mastigação	60-80 ciclos/min
Forças: força máxima de mordedura	640 N
em todo o	265 N
dente	3-18 N
força máxima de mordedura num único	
dente	
forças normais num único dente	
Tempo de contacto: tempo durante o qual	0.07 s
se mantém a pressão máxima	
	10 min
	30 min - 3 h

Distância média de deslizamento   1,0 mm
Área de contacto (1st região molar)   15 mm^2
Tensão máxima   20 MPa

2.3.1.1 O que dizem os outros sobre a correlação estrutura-propriedade do esmalte?

As alterações caraterísticas da nano-dureza e dos módulos elásticos ao atravessar o DEJ são investigadas pela técnica de nanoindentação [44]. A investigação sobre a alteração gradual das propriedades mecânicas do esmalte molar humano [45] conclui que as alterações na química local, o grau de mineralização, a matéria orgânica e o teor de água, bem como as alterações na microestrutura (diferenças na fração de volume dos cristais inorgânicos e da matriz orgânica) são responsáveis pela variação local dos parâmetros de dureza e não pela orientação do prisma em si.

Existe uma boa correlação [46] entre as alterações nas propriedades nanomecânicas com as alterações no conteúdo orgânico que varia entre 6 e 20% perto da JDE. Em particular, acredita-se que a região mole logo abaixo da junção dentina-esmalte desempenha um papel importante na função do dente, na distribuição da tensão e na resistência à fratura durante a mastigação. A relação entre a assimetria nas propriedades mecânicas e a função do dente também é explorada usando a técnica de nanoindentação [47].

2.3.1.2 Nano-dureza e módulo de Young do esmalte

Os investigadores mediram a nano-dureza da superfície exterior do esmalte de molares primários e de dentes pré-molares permanentes e concluíram que os valores para ambos são quase semelhantes (~5 GPa) a uma carga de 5 mN [48]. A experiência de nanoindentação com uma carga de 1 mN para a haste de esmalte e de 0,3 mN para o inter-haste [49] dá nano-durezas de 4 GPa e 1 GPa para a haste de esmalte e o inter-haste, respetivamente. Conclui-se que a haste de esmalte é muito mais dura do que o inter-haste do dente molar. Dados experimentais independentes de outros investigadores [50] apoiam este ponto de vista. A medição da nanoindentação na superfície axial do esmalte exterior e interior do dente molar permanente, medida a uma carga de 6,5 mN, dá uma nanodureza de 5 e 3 GPa, respetivamente [51].

É ainda referido [52] que o esmalte dentário tem uma dureza variável ao longo da sua secção transversal mesial e que as regiões com maior concentração de CaO e P2O5 têm os valores mais elevados de dureza. Conclui-se ainda que as propriedades mecânicas da hidroxiapatite dependem fortemente do grau de mineralização. O estudo de nanoindentação da secção transversal (lado bucal, ponta da cúspide) do esmalte médio-coronal de pré-molares permanentes do dente humano, medido com cargas de 50 e 150 mN, dá [52] nano-durezas respectivas de 4,7 e 4,5 GPa para o lado bucal e a ponta da cúspide.

Utilizando terceiros molares de pacientes jovens (18 < idade < 30 anos) e idosos (55 < idade), foram registadas nanodurezas de 4,0 ± 0,3 GPa e 4,0 ± 0,5 GPa, respetivamente, e um módulo de Young de 84,4 ± 4,4 e 91,1 ± 6,5 GPa, respetivamente [53]. Estes dados indicam claramente a influência do envelhecimento no comportamento mecânico do esmalte humano. Além disso, a nano-dureza do esmalte aumenta com a distância da DEJ para ambos os grupos etários. Examinado em termos de distância absoluta do DEJ, o gradiente de nano-dureza é mais elevado na região cervical.

As caraterísticas estruturais e de composição do componente proteico menor regulam significativamente as propriedades nanomecânicas do esmalte [54]. Além disso, as propriedades nanomecânicas do esmalte são funções fortemente sensíveis da escala de comprimento [55] e também da direção de alinhamento das hastes do esmalte [11]. Por exemplo, a nano-dureza diminui gradualmente da superfície exterior do esmalte em direção ao

DEJ [56].

A tendência decrescente da composição de cálcio também afecta a nano-dureza do esmalte [57]. O modelo "Staggered mineral protein composite" fornece uma previsão razoável para o módulo de cisalhamento (G) do nanocompósito de esmalte. Dependendo da espessura da camada de matriz proteica, o módulo de cisalhamento do nanocompósito de esmalte varia quase uma ordem de grandeza, por exemplo, de 0,5 a 2,6 GPa [57]. Os módulos de Young da superfície superior e da secção transversal do dente variam entre 60-100 e 40-80 GPa, respetivamente [58]. Estes dados [58] sugerem que a superfície superior é mais rígida do que a superfície da secção transversal.

O modelo da cadeia de tensão e cisalhamento (TSC) [59] prevê que o módulo de cisalhamento médio (G_p) da matriz proteica do nanocompósito de esmalte seja de cerca de 0,18 GPa. Também foi registada uma forte dependência de G_p da taxa de deformação [59].

2.3.1.3 Nano-dureza e módulo de Young do esmalte hipomineralizado

O teor mais elevado de fase orgânica na microestrutura é responsável por uma dureza e módulo de elasticidade iniciais mais baixos do nanocompósito de esmalte hipomineralizado [60]. O módulo de Young do nanocompósito de esmalte também se encontra altamente dependente do tamanho do contacto durante a carga. Por exemplo, o módulo de Young do nanocompósito de esmalte hipomineralizado varia de cerca de 40-50 GPa para cerca de 70-80 GPa à medida que o raio de contacto aumenta de 0,80 para 6,10 pm. Em comparação, o módulo de Young do nanocompósito de esmalte sólido é reportado como sendo um pouco mais elevado, por exemplo, 60-80 GPa [60]. Da mesma forma, foram registados módulos de Young de 14,5 e 77,3 GPa e nanodureza de 0,53 e 3,20 GPa, respetivamente, para o nanocompósito de esmalte hipomineralizado e sólido do dente molar [61]. Esta informação mostra claramente que o nanocompósito de esmalte hipomineralizado tem propriedades mecânicas inferiores às do nanocompósito de esmalte sólido devido ao maior conteúdo de fase orgânica do primeiro [60, 61].

2.3.1.4 Resistência à fratura do esmalte

Do mesmo modo, muitos investigadores relatam a resistência à fratura (cci) do nanocompósito de esmalte [62-70]. A cci na zona DEJ é de 0,8 a 0,9 MPa.m$^{0.5}$ [62]. No entanto, a CCI varia entre 0,70 MPa.m$^{0.5}$ no exterior e ~1,30 MPa.m$^{0.5}$ no interior do nanocompósito de esmalte. Além disso, propõe-se que a direção da fratura dependa da orientação da cabeça do indentador relativamente às estruturas locais do nanocompósito de esmalte [63, 64]. Foram comunicadas cci de 0,90 e 1,30 MPa.m$^{0.5}$ em correspondência com direcções de carga paralelas e perpendiculares no nanocompósito de esmalte [65].

Para os terceiros molares humanos de pacientes jovens, as CCI variam entre cerca de 0,95 MPa.m$^{0.5}$ na região interior e cerca de 0,88 MPa.m$^{0.5}$ na região exterior do nanocompósito de esmalte, enquanto que para os pacientes idosos as mesmas variam entre cerca de 0,88 MPa.m$^{0.5}$ na região interior e cerca de 0,67 MPa.m$^{0.5}$ na região exterior do nanocompósito de esmalte [66]. Os espécimes de prisma triangular sem entalhe (NTP) avaliam [67] um valor médio de cerca de 1,50 MPa.m$^{0.5}$ para o dente molar humano. Propõe-se que a deflexão da fenda seja o mecanismo de endurecimento da zona DEJ [67]. O nanocompósito de esmalte dentário tem uma cci de ~0,90 MPa.m$^{0.5}$ [68]. A detenção de fissuras no nanocompósito de esmalte ocorre normalmente quando se passa de uma orientação prismática menos oblíqua para uma mais oblíqua e as fissuras percorrem os limites do prisma [68].

Os principais mecanismos de endurecimento do nanocompósito de esmalte são as pontes induzidas por ligamentos intactos do tecido, deflexão da fissura, microfissuração e ligamentos de matéria orgânica que ligam a fissura [69]. Contudo, um trabalho recente mostra que a cci do nanocompósito de esmalte aumenta com o aumento da carga de indentação [70].

2.3.1.5 Explicações para as respostas estruturais à escala nanométrica

Embora o esmalte tenha sido considerado durante muito tempo como um material duro e frágil, recentemente, começaram a surgir provas do comportamento inelástico do biocompósito natural. Como descrito acima, o esmalte é um compósito nano-bio-híbrido de duas fases com uma estrutura hierárquica bem organizada. A proteína remanescente na estrutura pode conferir ao esmalte algumas propriedades inelásticas. As "ligações de sacrifício" entre os subdomínios individuais de uma molécula de proteína [71] podem explicar o comportamento mecânico da matriz orgânica dos tecidos biomineralizados. Quando a molécula de proteína é esticada, estas ligações de sacrifício quebram primeiro para proteger a sua espinha dorsal e dissipar a energia extra. Após a descarga, estas ligações recuperam automaticamente e puxam o material deformado de volta à sua forma original [72].

2.3.1.6 Comportamento do esmalte dependente do tempo

A fluência é definida como a deformação dependente do tempo sob carga constante. É uma das principais respostas inelásticas dos materiais viscosos. Para materiais metálicos e poliméricos, são utilizados ensaios tradicionais de tração e/ou compressão para investigar a resposta à deformação por fluência.

No caso de materiais naturais como o esmalte, há dois problemas principais que limitam a utilização destes métodos. Em primeiro lugar, estes ensaios necessitam de várias amostras idênticas, que são difíceis de preparar tendo em conta a direção das estruturas hierárquicas de cada amostra de esmalte. Em segundo lugar, o tamanho da amostra é demasiado pequeno e, por conseguinte, a quantidade limitada de fluência limita a precisão destes métodos. Devido às dificuldades dos ensaios de fluência macro em amostras pequenas, os ensaios de fluência por indentação são introduzidos no domínio da nanoindentação [73]. Para estudar as propriedades reológicas e a dinâmica de relaxação de diferentes materiais, a fluência é uma técnica poderosa [73].

Os resultados obtidos a partir de testes de deformação dependentes da taxa ilustram uma melhor resistência à deformação por penetração e maiores valores de módulo de elasticidade do esmalte a taxas de deformação mais elevadas (s) [74]. A deformação por cisalhamento da matriz proteica à escala nanométrica que envolve cada barra de cristal de hidroxiapatite é a origem deste tipo de deformação dependente da taxa [74]. O módulo de cisalhamento da matriz proteica depende da taxa de deformação através da relação G_p =0,213+0,021 ln(s). Este relatório indica que a matriz orgânica menor regula significativamente o comportamento mecânico do esmalte [74]. Mas, isto é apenas o início da investigação sobre os papéis mecânicos da matriz orgânica. Há um longo caminho a percorrer antes de compreendermos completamente as funções da matriz orgânica nos biocompósitos.

O trabalho subsequente sobre a sensibilidade da taxa de fluência explica o comportamento viscoelástico e viscoplástico do esmalte humano, bem como a excelente resistência ao desgaste e às fissuras das estruturas dentárias naturais [75]. No caso do aprisionamento de partículas entre os dentes sob condições de carga funcional e desgaste por deslizamento, o esmalte deforma-se inelasticamente, mas recupera após a sua libertação. A abordagem de modelação correspondente [76] considera a forma básica dos cristalitos de apatite e descreve a fina camada de proteínas entre os cristalitos como um fluido viscoso. Este esforço define (a) o plano de fluxo principal no esmalte anisotrópico e (b) a influência da fração de volume dos cristais de apatite [76].

2.3.1.7 Ensaios efectuados em esmalte desmineralizado

A lesão cervical não cariosa ocorre devido à desmineralização da região cervical do dente humano [77]. O processo de desmineralização é estudado durante 1 e 2 dias numa solução de pH 4,5, respetivamente. A degeneração quase dramática das propriedades mecânicas, por exemplo, de ~50% e ~90%, ocorre em correspondência devido à desmineralização artificial no esmalte perto da junção cemento-esmalte. Após 2 dias, a desmineralização penetra mesmo no esmalte sólido na junção [77].

2.3.1.8 Investigações sobre o processo de dissolução do esmalte

A exposição a soluções de ácido cítrico provoca uma diminuição significativa da nano-dureza e do módulo de Young do esmalte apenas após cerca de 120 e 300 s [78, 79]. No entanto, devido a um processo de dissolução limitado pela difusão, a taxa de alteração da nano-dureza e do módulo de Young diminui à medida que o tempo de exposição aumenta.

2.3.1.9 Ação dos agentes de branqueamento nas propriedades mecânicas do esmalte

Medidos na mesma região de amostra, tanto a nano-dureza como o módulo de Young do esmalte do dente pré-molar humano degradam-se devido ao branqueamento com peróxido de hidrogénio a 30% [80]. Embora o mecanismo de degradação das propriedades ainda não seja conhecido, estes estudos assumem especial importância para a durabilidade das obturações e substituições dentárias.

2.4 Propriedades mecânicas do DEJ

Apesar de uma vida humana de repetidas cargas mastigatórias, parafuncionais e de impacto ocasional, o esmalte raramente se separa da dentina. A junção dentina-esmalte (DEJ) é notavelmente bem sucedida na transferência de cargas aplicadas do esmalte para a dentina. Durante a formação inicial do tecido do esmalte, a ameloblastina é transitoriamente expressa pelos odontoblastos durante a formação inicial do esmalte; no entanto, a sua expressão é rapidamente restringida aos ameloblastos [81, 82].

A amelogenina, que é uma proteína expressa apenas pelos ameloblastos, é translocada para os odontoblastos durante a formação inicial do esmalte [83]. Este padrão de expressão proteica pode representar uma troca de sinais de camadas germinativas diferentes que contribuem para a formação do DEJ e fornecem um caminho para uma gradação nas propriedades mecânicas. Esta mistura única de proteínas, que existe apenas durante a formação do DEJ, pode definir as propriedades únicas do DEJ [81-83].

2.4.1 Propriedades de fratura do DEJ

Utilizando a mecânica da fratura interfacial, o cci da região DEJ é quantificado [84]. A estrutura da região DEJ é geralmente descrita como tendo vieiras de 25 a 100 ppm de diâmetro com as suas convexidades direcionadas para a dentina [85-92].

As fissuras formadas no nanocompósito de esmalte são normalmente impedidas de atravessar a interface e causar fracturas catastróficas no dente [38]. Esta prevenção da propagação de fissuras não está necessariamente associada às capacidades de detenção de fissuras do próprio DEJ. Pelo contrário, está relacionada com o desenvolvimento de uma proteção na ponta da fenda. A blindagem ocorre principalmente na região do manto dentinário adjacente à JDE. Ela ocorre principalmente através da formação de pontes entre os ligamentos não fissurados [38].

A importância da zona DEJ como interface de ligação entre o esmalte e a dentina foi reconhecida há muito tempo [93]. A zona DEJ desempenha assim um papel crucial para a estabilidade estrutural do dente. No entanto, os detalhes de como esta zona actua como uma barreira de retenção de fissuras para falhas formadas no nanocompósito de esmalte frágil ainda não foram totalmente compreendidos [94-100]. É extremamente difícil propagar fracturas através da DEJ [96]. Estudos independentes sobre a avaliação da resistência ao cisalhamento [102], bem como a micro [64] e nanoindentação [103] da região DEJ chegam a uma conclusão semelhante.

Um ponto de vista [104] é que a JDE é uma porção microestruturalmente distinta e mecanicamente mais resistente da estrutura dentária, que é fundamental para a sua função. Assim, assume um papel essencial na prevenção da propagação de fissuras no esmalte através desta estrutura, de modo a evitar a fratura catastrófica do dente.

Pensa-se que as proteínas associadas à formação da DEJ e os feixes de fibrilas de colagénio que atravessam a zona de transição e se inserem no esmalte são responsáveis pelas variações e pela distribuição dos desvios na composição e estrutura da matriz orgânica dentro da DEJ [104].

Estudos independentes [105] sobre a propagação e detenção de fissuras em barras de flexão DEJ e a análise do perfil de fissuras relacionada demonstram que a detenção de fissuras só ocorre se as fissuras se aproximarem da DEJ a partir do lado do esmalte. Se as fissuras forem induzidas a partir do lado da dentina, a fratura ocorre após deformação elástica e alguma quantidade de deformação plástica [105].

A resistência à flexão do DEJ é ligeiramente inferior à do esmalte adjacente, mas muito superior à da dentina [106]. Após a re-hidratação, a camada demonstra uma capacidade de contenção de fissuras semelhante à da dentina, mas ocorre sem qualquer aumento significativo na sua resistência à flexão (DEJ) [106].

2.5 Propriedades mecânicas da dentina

As propriedades nanomecânicas do esmalte e da dentina são fortemente sensíveis às cargas aplicadas [107]. As propriedades nanomecânicas da dentina são inferiores às do esmalte [107]. Os valores do módulo de elasticidade e da nanodureza obtidos através do método de medição da rigidez constante são superiores aos obtidos através do método convencional de nanoindentação. Propõe-se que as diferenças relativas na metodologia de ensaio possam ser a causa destas variações. Os valores de rigidez de contacto também diminuem quando são aplicadas as cargas de nanoindentação mais elevadas. Propõe-se que este efeito seja uma consequência do processo de microfissuração que o acompanha [107].

2.5.1 Nano-dureza e módulo de Young da dentina

Os resultados das experiências de nanoindentação [108] realizadas a partir da região oclusal em direção à junção dentina-esmalte (DEJ) do dente estabelecem que a nanodureza do esmalte é a mais elevada na sua superfície oclusal. Além disso, os valores de nanodureza diminuem em direção à JDE. A nanodureza tem a magnitude mais baixa na JDE. O valor máximo de nanodureza é, assim, de 6,5 GPa no esmalte e de cerca de 1 GPa na dentina.

O módulo de Young da dentina é independente da direção a partir da qual os espécimes são retirados do dente, da taxa de carga do espécime e da relação comprimento/diâmetro [109]. O módulo de Young médio corrigido da dentina é de $\sim2,4 \times 10^6$ - $2,7 \times 10^6$ psi [109].

A comparação [110] das propriedades nanomecânicas da dentina radicular normal e transparente através de testes de nanoindentação mostra que ocorrem valores semelhantes de nanodureza e módulo de Young tanto nas regiões peritubulares como intertubulares. Para além disso, há circunstâncias em que a relação linear esperada entre a concentração mineral e as propriedades mecânicas não existe de todo [110]. Foi ainda demonstrado [110] que a dentina pode apresentar módulos de Young baixos apesar dos níveis quase normais (90%) de concentração mineral.

Quando as amostras de dentina intertubular transparente são selecionadas com base em grandes lesões de cárie, os resultados das nanoindentações de carga ultra baixa (100 e 500 pN) com tempo de indentação de três segundos mostram uma tendência interessante. Isto demonstra que as propriedades nanomecânicas da região da dentina intertubular afetada são comparativamente inferiores às da dentina intertubular normal [111].

Medidos com uma carga de 0,3 mN, a dentina peritubular, a dentina intertubular, a dentina externa e a dentina interna do dente humano molar permanente apresentam nano-durezas de 0,25 GPa, 0,51 GPa e 0,15 GPa em correspondência [112]. Os módulos de Young correspondentes são 29,8 GPa, 21,1 GPa e 17,7 GPa, respetivamente [112]. Estes resultados provam que a dentina exterior é muito mais dura do que a dentina interior.

A dentina cariada do dente molar primário exibe uma nanodureza de 0,002 a 0,56 GPa e um módulo de Young de 0,015 a 14,55 GPa [113]. Por outro lado, a dentina sadia do dente molar primário apresenta nanodureza de 0,53 a 0,92 GPa e módulo de Young de 11,59 a 17,067 GPa. Devido à desmineralização severa na dentina cariada, as propriedades nanomecânicas da dentina cariada são significativamente mais baixas do que as da dentina sã [113].

A utilização da técnica de medição contínua da rigidez (CSM) estabelece [114] que, para o esmalte dentário humano, o módulo de elasticidade diminui até 30%, por exemplo, enquanto a dureza diminui mais de 30% ao percorrer uma profundidade de 100 a 1000 nm.

Um importante ponto de vista recente é que [115], no que diz respeito às propriedades biomecânicas do esmalte e da dentina, as magnitudes das constantes elásticas devem ser revistas para cima, e os efeitos viscoelásticos devem ser tidos em conta. É ainda enfatizado [115] que o conceito de resistência como uma importante quantidade de engenharia deve ser substituído por uma abordagem de mecânica da fratura para a falha da dentina, uma vez que as falhas pré-existentes podem causar a falha do dente com tensões muito inferiores à sua resistência teórica.

Resultados recentes [115] também confirmam que as constantes elásticas da dentina têm simetria hexagonal, com a direção mais rígida orientada no plano perpendicular aos túbulos. Além disso, também é demonstrado ser consistente com as observações noutros tecidos que a orientação mais rígida está na direção das fibrilas de colagénio mineralizadas. Conclui-se que as propriedades elásticas da dentina são explicáveis em termos da microestrutura da matriz dentinária intertubular, e que qualquer correlação das propriedades elásticas com a direção dos túbulos é uma consequência necessária da relação ortogonal entre os túbulos e as fibrilas de colagénio. Finalmente, sugere-se que a investigação deve centrar-se no suporte de colagénio mineralizado e explorar o acoplamento entre as fases mineral e de colagénio e os seus efeitos nas propriedades biomecânicas [115].

2.5.2 Propriedades de fratura da dentina

Usando uma comparação de testes de fadiga cíclica e de carga sustentada, é feita uma tentativa [116] para discernir se o comportamento de fadiga observado na dentina é dependente do ciclo e/ou do tempo. Os resultados indicam que ambos os mecanismos dependentes do ciclo e do tempo estão envolvidos. Também se observa que, sob carga cíclica, a iniciação da fenda ocorre muito mais rapidamente. Tal como em muitos materiais frágeis, a morfologia das superfícies de fratura criadas durante a propagação de fendas por fadiga é essencialmente idêntica às criadas durante a falha devido a uma sobrecarga súbita e acidental [116].

No caso do dente de elefante, demonstrou-se que [117] a dentina desidratada quimicamente tinha aumentos na resistência intrínseca (início da fissura) e extrínseca (crescimento da fissura). Este comportamento é reversível e pensa-se que está relacionado com o aumento da ligação de hidrogénio intermolecular após a substituição da água por solventes formadores de ligações de hidrogénio mais fracas. O aumento da tenacidade intrínseca é atribuído ao aumento da ligação de hidrogénio que faz com que as moléculas de colagénio e as fibrilhas fiquem mais fortemente ligadas perto da ponta da fenda, evitando assim a falha prematura e a extensão da fenda. Isto é consistente com o aumento da resistência à fratura por flexão de três pontos observado para a dentina desidratada por solventes polares [117].

2.5.3 Influência de várias soluções nas propriedades mecânicas da dentina

A influência da água desionizada ou da solução de $CaCl_2$ nas degradações relativas do módulo e da dureza da dentina e do esmalte é investigada pela técnica de nanoindentação [118]. Para esmalte e dentina polidos de terceiros molares humanos, são aplicadas cargas de 1500 e 750 mN em correspondência. As profundidades de indentação variam entre 300 e 400 nm para o esmalte e a dentina, respetivamente. A dentina e o esmalte expostos à água desionizada ou à solução de $CaCl_2$ mostram grandes alterações nas suas respostas elástico-plásticas em comparação com as das amostras de controlo. A desmineralização causa uma redução na nano-dureza e no módulo de Young do esmalte.

O armazenamento dos espécimes em água desionizada ou em solução salina tamponada com $CaCl_2$ altera significativamente a nano-dureza da dentina, enquanto o armazenamento em HBSS não altera. A dentina apresenta uma nano-dureza média de 1,0 e 1,1 GPa antes do armazenamento. Quando armazenada em água desionizada, a nano-dureza diminui significativamente em cerca de 25% no prazo de 1 dia de armazenamento e é tão baixa como 0,35 GPa após 14 dias.

Noutro estudo relacionado [119] a dentina intertubular é seletivamente afetada pelo aquecimento a 140°C, mas a dentina peritubular permanece inalterada. Propõe-se que a razão para a força extra após o aquecimento é que o colagénio tipo I na dentina intertubular é desidratado e é formada uma estrutura compacta com o encolhimento do empacotamento lateral das moléculas de colagénio sem qualquer alteração química.

A exposição ao peróxido de hidrogénio a 30% durante 24 horas causa a recessão da superfície da dentina intertubular e diminui significativamente a nano-dureza e o módulo de Young da dentina intertubular [120]. O efeito do peróxido de hidrogénio na dentina é sugerido como resultado da sua forte ação oxidante e do seu baixo pH. A dentina peritubular parece mais resistente aos efeitos do peróxido de hidrogénio do que a dentina intertubular e isto está relacionado com a diferença de composição entre a dentina intertubular e a peritubular.

A nanodureza e o módulo de Young da dentina do dente em estado seco e exposto à solução salina equilibrada de Hank não diferem muito [121]. No entanto, devido à diferença de composição entre a dentina intertubular e peritubular, a dentina peritubular é mais resistente aos efeitos do peróxido de hidrogénio [121].

2.6 Previsão das propriedades mecânicas do esmalte

Considerando a enorme importância das propriedades de contacto dos tecidos dentários, foram desenvolvidos vários modelos [60, 122-125] para prever as suas propriedades mecânicas utilizando vários modelos. Isto ajuda efetivamente a melhorar o desenvolvimento de implantes dentários artificiais. Por exemplo, o modelo de elementos finitos [122] e a "regra das misturas" [123125] são aplicados [60] para explicar os dados do módulo de Young do nanocompósito de esmalte.

O teor mais elevado de fase orgânica na microestrutura é responsável pelas magnitudes inicialmente mais pequenas de nanodureza e módulo de Young do nanocompósito de esmalte hipomineralizado [60]. Recentemente, o "modelo de compósito de proteína mineral escalonado" [59] também é utilizado para prever o módulo de cisalhamento (G) do nanocompósito de esmalte [57], tal como discutido anteriormente. Dependendo da espessura da camada de matriz proteica, o módulo de cisalhamento do nanocompósito de esmalte pode variar entre 0,5 e 2,6 GPa [57].

2.7 Âmbito do presente trabalho

A revisão revela que, apesar da abundância de literatura, existe uma enorme lacuna na base de conhecimentos sobre o contacto estático do dente em geral e do "esmalte e dentina" em particular. Algumas questões importantes que surgem da literatura acima referida são, por exemplo

1. Existe alguma avaliação simultânea da nano-dureza, do módulo de Young e da resistência à fratura do nanocompósito de esmalte e a estimativa do trabalho de fratura do mesmo?

2. Existe algum efeito da orientação microestrutural das barras de esmalte na determinação das propriedades mecânicas do tecido do esmalte?

3. Qual é o efeito sobre a propriedade mecânica do esmalte quando a taxa de transferência de energia para ele é variada?

4. Quais são as caraterísticas do esmalte exterior, médio e interior em relação à geração de plasticidade à nanoescala?

5. Qual é o comportamento do tecido do esmalte durante a fluência? É diferente em tempos de retenção mais baixos?

6. As várias teorias micromecânicas disponíveis na literatura prevêem corretamente o módulo de Young do esmalte?

7. A dentina, sendo um tecido muito mais macio, apresenta um comportamento visco-elástico. Como é que a propriedade da dentina difere da do esmalte?

O cenário acima mencionado realça efetivamente o âmbito do presente trabalho de dissertação. Assim, os objectivos da tese proposta são:

1. Para fornecer detalhes sobre o dente biológico utilizado no presente trabalho e as técnicas de caraterização que são aqui utilizadas.

2. Efetuar um estudo sistemático das propriedades nanomecânicas das três regiões (e.g., esmalte, DEJ e dentina) do dente pré-molar humano a uma carga máxima constante de 100 mN e 30 s de tempo de carga.

3. Estudar o comportamento da propagação de fendas nestas regiões com uma carga comparativamente mais elevada de 4,9 N.

4. Modelar a resistência à fratura do tecido do esmalte utilizando vários modelos clássicos de compósitos.

5. Avaliar as propriedades nanomecânicas na região do esmalte de um dente pré-molar e examinar se as variações localizadas nas orientações das hastes de esmalte têm algum efeito sobre as mesmas.

6. Estudar o efeito da variação da taxa de carga (por exemplo, 103-0,3 x 10^6 p,N.s-1) nas propriedades nanomecânicas da região do esmalte de um dente pré-molar e examinar o papel da tensão de cisalhamento máxima gerada sob o nanoindentador.

7. Investigar sobre a geração de pop-in's e pop-out's nas três regiões do tecido do esmalte de um dente pré-molar.

8. Realizar um estudo sistemático da propriedade dependente do tempo, por exemplo, a fluência do esmalte a uma carga máxima constante de 50 mN e em função de variações (por exemplo, 1-60 s) na duração do contacto à carga máxima.

9. Prever os dados do módulo de Young da região do esmalte de um dente pré-molar utilizando várias teorias micromecânicas (por exemplo, "A regra das misturas", a abordagem da contiguidade, o modelo da cadeia de tensão-cisalhamento, etc.).

10. Realizar um estudo sistemático da propriedade dependente do tempo, por exemplo, a fluência da dentina a uma carga máxima constante de 100 mN e em função das variações (por exemplo, 1-60 s) na duração do contacto à carga máxima.

11. Elaborar observações sumárias e conclusivas sobre a deformação por nanoindentação do dente pré-molar humano.

12. Apresentação dos âmbitos e direcções futuros em que a investigação atual sobre a deformação estática por contacto dos dentes humanos em geral e dos dentes pré-molares em particular deve crescer.

Só para dar uma ideia, a coalescência de imagens na Fig. 2.2 revela de facto a essência da presente tese numa visão panorâmica, como um resumo gráfico.

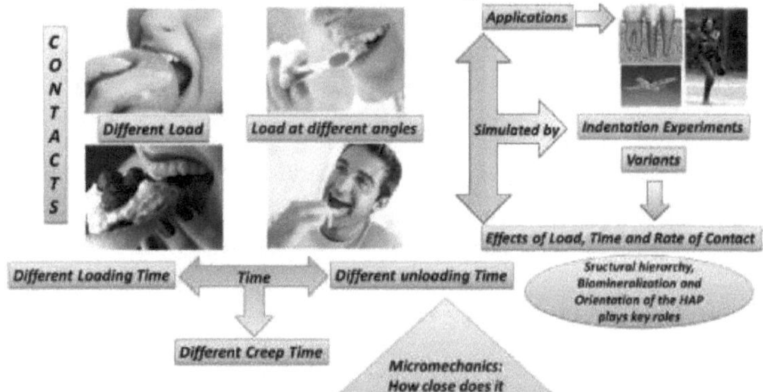

Fig. 2.2: *Fotomicrografia esquemática do presente trabalho de tese.*

Referências

[1] J. H. C. Wang, B. P. Thampatty, J. S. Lin e H. J. Im, "Mechanoregulation of gene expression in fibroblasts," Gene, 391 (2007) 1-15.

[2] C. M. Lo, H. B. Wang, M. Dembo e Y. L. Wang, "Cell movement is guided by the rigidity of the substrate", Biophysical Journal, 79(2000) 144-152.

[3] V. Vogel e M. Sheetz, "Local force and geometry sensing regulate cell functions," Nature Reviews Molecular Cell Biology, 7 (2006) 265-275.

[4] G. Guglielmi, S. Muscarella e A. Bazzocchi, "Integrated Imaging Approach to Osteoporosis: State-of-the-Art Review and Update," RadioGraphics, 31 (2011) 13431364.

[5] M. A. Meyers, P. Y. Chen, A. Y. M. Lin, e Y. Seki, "Biological materials: Structure and mechanical properties," Progress in Materials Science, 53 (2008) 1-206.

[6] G. M. Luz, e J. F. Mano, "Estruturas mineralizadas na natureza: Examples and inspirations for the design of new composite materials and biomaterials," Composite Science and Technology, 70 (2010) 1777-1788.

[7] K. Tai, M. Dao, S. Suresh, A. Palazoglu e C. Ortiz, "Nanoscale heterogeneity promotes energy dissipation in bone," Nature Materials, 6 (2007) 454-462.

[8] Y. R. Jeng, T. T. Lin, H. M. Hsu, H. J. Chang e D. B. Shieh, "Human enamel rod presents anisotropic nanotribological properties," Journal of Mechanical Behavior of Biomedical Materials2011, 4, 515-522.

[9] E. Munch, M. E. Laune, D. H. Alsem, E. Saiz, A. P. Tomsia e R. O. Ritchie, "Tough, bioinspired hybrid materials", Science, 322 (2008)1516-1520.

[10] C. Ortiz e M. C. Boyce, "Bioinspired Structural Materials", Science, 319 (2008) 1053-1054.

[11] Z. J. Cheng, X. M. Wang, J. Ge, J. X. Yan e N. Ji, "Mechanical anisotropy on a longitudinal section of human enamel studied by nanoindentation," Journal of Materials Science: Materials in Medicine, 22 (2010) 1811-1816.

[12] B. J. F. Bruet, J. Song, M. C. Boyce e C. Ortiz, "Materials design principles of ancient fish armour," Nature Materials 7 (2008) 748 - 756.

[13] K. Balani, R. R. Patel, A. K. Keshri, D. Lahiri e A. Agarwal, "Hierarquia multi-escala de Chelydra serpentine: Microestrutura e propriedades mecânicas da carapaça de tartaruga," Journal of Mechanical Behavior of Biomedical Materials, 4 (2011) 1140-1151.

[14] P. J. Thurner, "Atomic force microscopy and indentation force measurement of bone,"

Wiley Interdisciplinary Reviews: Nanomedicine and Nanobiotechnology, 1 (2009)624-649.

[15] P. W. Lucas, R. Cook e T. K. Lowrey, "How Baby Plants Avoid Getting Hurt and Blossom into Adulthood: The Story of a Tropical Seed", Proceedings of Materials Research Society, 975 (2006) 0975-DD0908-0907.

[16] F. Barthelat, C. M. Li, C. Comi e H. D. Espinosa, "Mechanical properties of nacre constituents and their impact on mechanical performance," Journal of Materials Research, 21 (2006) 1977-1986.

[17] J. Y. Sun e J. Tong, "Fracture Toughness Properties of Three Different Biomaterials Measured by Nanoindentation," Journal of Bionic Engineering 4 (2007) 11-17.

[18] N. Barbakadze, S. Enders, S. Gorb e E. Arzt, "Local mechanical properties of the head articulation cuticle in the beetle Pachnodamarginata (Coleoptera, Scarabaeidae)," Journal of Experimental Biology, 209 (2006) 722-730.

[19] J. Y. Sun, Y. J. Guo e J. Tong, "Testing methods for nanoindentation property of the cuticle of bovine hoof wall and dung beetle's foreleg femur," Journal of Terramechanics, 43 (2006) 355-364.

[20] D. Klocke e H. Schmitz, "Water as a major modulator of the mechanical properties of insect cuticle," Ata Biomaterialia, 7 (2011) 2935-2942.

[21] G. Guber, S. Orso, R. Spolenak, U. G. K. Wegst, S. Enders, S. N. Gorb e E. Arzt, "Mechanical properties of a single gecko seta," International Journal of Materials Research, 99 (2008) 1113-1118.

[22] T. Sumitomo, H. Kakisawa e Y. Kagawa, "Nanoscale structure and mechanical behavior of growth lines in shell of abalone Haliotisgigantean," Journal of Structural Biology, 174 (2011) 31-36.

[23] S. W. Lee, G. H. Kim e C. S. Choi, "Characteristic crystal orientation of folia in oyster shell, Crassostreagigas," Materials Science and Engineering: C, 28 (2008) 258263.

[24] V. T. Nayar, J. D. Weiland e A. M. Hodge, "Characterization of porcine sclera using instrumented nanoindentation," Materials Science & Engineering C, 31 (2011) 796-800.

[25] J. Y. Rho, M. E. Roy, T. Y. Tsui e G. M. Pharr, "Elastic properties of microstructural components of human bone tissue as measured by nanoindentation," Journal of Biomedical Materials Research, 45 (1999) 48-54.

[26] J. Y. Rho, T. Y. Tsui e G. M. Pharr, "Elastic properties of human cortical and trabecular lamellar bone measured by nanoindentation," Biomaterials, 18 (1997) 13251330.

[27] A. J. Bushby, V. L. Ferguson e A. Boyde, "Nanoindentation of bone: Comparison of specimens tested in liquid and embedded in polymethylmethacrylate," Journal of Materials Research, 19 (2004) 249-259.

[28] A. J. Rapoff, R. G. Rinaldi, J. L. Hotzman e D. J. Daegling, "Elastic modulus variation in mandibular bone: a microindentation study of Macacafascicularis," American Journal of Physical Anthropology, 135 (2008) 100-109.

[29] L. B. Whitenack, D. C. Simkins Jr, P. J. Motta, M. Hirai e A. Kumar, "Young's modulus and hardness of shark tooth biomaterials," Archives of Oral Biology, 55 (2010) 203-209.

[30] M. L. Oyen, "Nanoindentation hardness of mineralized tissues," Journal of Biomechanics, 39 (2006) 2699-2702.

[31] V. L. Ferguson, A. J. Bushby e A. Boyde, "Nanomechanical properties and mineral concentration in articular calcified cartilage and subchondral bone," Journal of Anatomy, 203 (2003) 191-202.

[32] R. Akhtar, N. Schwarzer, M. J. Sherratt, R. E. B. Watson, H. K. Graham, A. W. Trafford, P. M. Mummery e B. Derby, "Nanoindentation of histological specimens. Mapping the elastic properties of soft tissues," Journal of Materials Research, 24 (2009) 638-646.

[33] A. Hemmasizadeh, K. Darvish e M. Autieri, "Characterization of Changes to the Mechanical Properties of Arteries due to Cold Storage using Nanoindentation Tests," Annals of Biomedical Engineering, 40 (2012) 1434-1442.

[34] W. C. Huang, J. D. Liao, C. C. K. Lin e M. S. Ju, "Depth-sensing nanoindentation on a myelinated axon at various stages," Nanotechnology, 22 (2011) 275101.

[35] M. A. F. Kendall, Y. F. Chong e A. Cock, "The mechanical properties of the skin epidermis in relation to targeted gene and drug delivery," Biomaterials, 28 (2007) 4968-4977.

[36] Y. T. Yang, J. D. Liao, C. C. K. Lin, C. T. Chang, S. H. Wang e M. S. Ju, "Characterization of cholesterol-depleted or -restored cell membranes by depth-sensing nano-indentation," Soft Matter, 8 (2012) 682-687.

[37] S. N. Bhaskar, Orban's Oral Histology and Embryology, Harcourt Brace and Company, Singapura, 11.ª edição, 1999.

[38] V. Imbeni, J. J. Kruzic, G. W. Marshall, S. J. Marshall, e R. O. Ritchie, "The dentin-enamel junction and the fracture of human tooth," Nature Materials, 4 (2005) 229-232.

[39] L. H. He e M. V. Swain, "Enamel-A functionally graded natural coating," Journal of Dentistry, 37 (2009) 596-603.

[40] Y. L. Chan, A. H. W. Ngan, e N.M. King, "Nano-scale structure and mechanical properties of the human dentin-enamel junction," Journal of the Mechanical Behavior of Biomedical Materials, 4 (2011) 785-795.

[41] V. F. Ferrario, C. Sforza e G. Zanotti, "Maximal bite forces in healthy young adults as predicted by surface electromyography" Journal of Dentistry, 32 (2004) 451457.

[42] C. P. Fernandes, P. O. J. Glantz e S. A. Svensson, "A novel sensor for bite force determinations," Dental Materials, 19 (2003) 118-126.

[43] N. E. Waters, "Algumas propriedades mecânicas e físicas do dente", In: Vincent J, Curry J (eds). The mechanical properties of biological materials. Cambridge: Cambridge University Press, (1980) 99-134.

[44] G. Balooch, G. W. Marshall, S. J. Marshall, O. L. Warren, S. A. S. Asif e M. Balooch, "Evaluation of a new modulus mapping technique to investigate microstructural features of human tooth," Journal of Biomechanics, 37 (2004) 12231232.

[45] A. Braly, L. A. Darnell, A. B. Mann, M. F. Teaford e T. P. Weihs, "The Effect of Prism Orientation in the Indentation Testing of Human Molar Enamel", Archives of Oral Biology, 52 (2007) 856-860.

[46] L. A. Darnell, M. F. Teaford, K. J. T. Livi e T. P. Weihs, "Variations in the mechanical properties of Alouattapalliata molar enamel," American Journal of Physical Anthropology, 141 (2010) 7-15.

[47] D. S. Brauer, J. F. Hilton, G. W. Marshall e S. J. Marshall, "Nano- and micromechanical properties of dentin: investigation of differences with tooth side," Journal of Biomechanics, 44 (2011) 1626-1629.

[48] F. Lippert, D. M. Parker e K. D. Jandt, "Susceptibility of deciduous and permanent enamel to dietary acid-induced erosion studied with atomic force microscopy nanoindentation," European Journal of Oral Science, 112 (2004) 61-66.

[49] J. Ge, F. Z. Cui, X. M. Wang e H. M. Feng, "Variações das propriedades do prisma e da bainha orgânica do esmalte por nanoindentação," Biomaterials, 26 (2005) 3333-3339.

[50] S. Habelitz, G. W. Marshall Jr, M. Balooch e S. J. Marshall, "Nanoindentation and storage of tooth", Journal of Biomechanics, 35 (2002) 995-998.

[51] J. L. Cuy, A. B. Mann, K. J. Livi, M. F. Teaford e T. P. Weighs, "Nanoindentation mapping of the mechanical properties of human molar tooth enamel," Archive of Oral Biology, 47 (2002) 281-291.

[52] S. Poolthong, "Determination of mechanical properties of enamel, dentin and cementum by an ultramicroindentation system" (Determinação das propriedades mecânicas do esmalte, dentina e cemento através de um sistema de ultra-indentação), Universidade de Sydney, Sydney.

[53] S. Park, D. H. Wang, D. Zhang, E. Romberq e D. Arola, "Mechanical properties of human enamel as a function of age and location in the tooth," Journal of Materials Science: Materials in Medicine, 19 (2008) 2317-2324. .

[54] L. H. He e M. V. Swain, "Understanding the mechanical behavior of human enamel from its structural and compositional characteristics," Journal of Mechanical Behavior of Biomedical Materials, 1 (2008) 18-29.

[55] S. F. Ang, E. F. Bortel, M. V. Swain, A. Klocke e G. A. Schneider, "Sizedependent elastic/inelastic behavior of enamel over millimeter and nanometer length scales," Biomaterials 31 (2010) 1955-1963.

[56] Y. R. Jeng, T. T. Lin, H. M. Hsu, H. J. Chang e D. B. Shieh, "Human enamel rod presents anisotropic nanotribological properties," Journal of Mechanical Behavior of Biomedical Materials 4 (2011) 515-522.

[57] Z. Xie, M. Swain, P. Munroe e M. Hoffman, "On the critical parameters that regulate the deformation behavior of tooth enamel," Biomaterials, 29 (2008) 26972703.

[58] L. H. He, N. Fujisawa e M. V. Swain, "Elastic modulus and stress strain response of human enamel by nanoindentation," Biomaterials, 27 (2006) 4388-4398.

[59] H. Gao, B. Ji, I. L. Jager, E. Arzt, e P. Fratzl, "Materials become insensitive to flaws at nanoscale: Lessons from nature," Proceedings of the National Academy of Sciences of the United States of America, 100 (2003) 5597-5600.

[60] Z. H. Xie, E. K. Mahoney, N. M. Kilpatrick, M. V. Swain e M. Hoffman, "On the structure property relationship of sound and hypomineralized enamel," Ata Biomaterialia, 3 (2007) 865-872.

[61] R. Rohanizadeh, F. S. M. Ismail, N. M. Kilpatrick, M. V. Swain e E. K. Mahoney, "Mechanical properties and microstructure of hypomineralised enamel of permanent tooth," Biomaterials, 25 (2004) 5091-5100.

[62] S. N. White, V. G. Miklus, P. P. Chang, A. A. Caputo, H. Fong e M. Sarikaya, "Controlled failure mechanisms toughen the dentino-enamel junction zone," Journal of Prosthetic Dentistry, 94 (2005) 330-335.

[63] R. Hassan, A. A. Caputo e R. F. Bunshah, "Fracture toughness of human enamel," Journal of Dental Research, 60 (1981) 820-827.

[64] H. H. K. Xu, D. T. Smith, S. Jahanmir, E. Romberg, J. R. Kelly, V. P. Thompson e E. D. Rekow, "Indentation damage and mechanical properties of human enamel and dentin," Journal of Dental Research, 77 (1998) 472-480.

[65] S. N. White, W. Luo, M. L. Paine, H. Fong, M. Sarikiya e M. L. Snead, "Biological organization of hydroxyapatite crystallites into a fibrous continuum toughens and controls anisotropy in human enamel," Journal of Dental Research, 80 (2001) 321-326.

[66] S. Park, J. B. Quinn, E. Romberg e D. Arola, "On the brittleness of enamel and selected dental materials," Dental Materials, 24 (2008) 1477-1485.

[67] X. D. Dong e N. D. Ruse, "Fatigue crack propagation path across the dentino enamel junction complex in human tooth," Journal of Biomedical Materials Research Part A, 66A (2003) 103-109.

[68] D. Bajaj, A. Nazari, N. Eidelman e D. Arola, "A comparison of fatigue crack growth in human enamel and hydroxyapatite," Biomaterials, 29 (2008) 4847-4854.

[69] D. Bajaj e D. Arola, "Role of prism decussation on fatigue crack growth and fracture of

human enamel," Ata Biomaterialia, 5 (2009) 3045-3056.

[70] S. K. Padmanabhan, A. Balakrishnan, M. C. Chu, T. N. Kim e S. J. Cho, "Microindentation fracture behavior of human enamel," Dental Materials, 26 (2010) 100-104.

[71] M. Rief, M. Gautel, F. Oesterhelt, J. Fernandez e H. Gaub, "Reversible unfolding of individual titin immunoglobulin domains by AFM," Science, 276 (1997) 1109-1112.

[72] J. B. Thompson, J. H. Kindt, B. Drake, H. G. Hansma, D. E. Morse e P. K. Hansma, "Bone indentation recovery time correlates with bond reforming time," Nature, 414 (2001) 773-776.

[73] B. N. Lucas e W.C. Oliver, "Indentation power-law creep of high-purity indium," Metallurgical Materials Transaction, 30A (1999) 601-10.

[74] J. Zhou e L. L. Hsiung, "Biomolecular origin of the rate-dependent deformation of prismatic enamel," Applied Physics Letter, 89 (2006) 051904 (1-3).

[75] L. H. He e M. V. Swain, "Nanoindentation creep behavior of human enamel," Journal of Biomedical Materials Research A, 91 (2009) 352-359.

[76] G. A. Schneider, L. H. He e M. V. Swain, "Viscous flow model of creep in enamel," Journal of Applied Physics, 103 (2008) 014701-014705.

[77] L. H. He, Y. Xu e D. G. Purton, "Desmineralização in vitro da região cervical do dente humano", Archives of Oral Biology, 56 (2011) 512-519.

[78] M. E. Barbour, D. M. Parker e K. D. Jandt, "Enamel dissolution as a function of solution degree of saturation with respect to hydroxyapatite: a nanoindentation study," Journal of Colloid and Interface Science, 265 (2003) 9-14.

[79] M. E. Barbour, D. M. Parker, G. C. Allen e K. D. Jandt, "Human enamel dissolution in citric acid as a function of pH in the range 2.30< or =pH< or =6.30--a nanoindentation study," European Journal of Oral Science, 111 (2003) 258-262.

[80] B. R. Hairul Nizam, C. T. Lim, H. K. Chng e A.U.J. Yap, "Nanoindentation study of human premolars subjected to bleaching agent," Journal of Biomechanics, 38 (2005) 2204-2211.

[81] C. Beuge-Kirn, P. H. Krebsbach, J. D. Barlett e W. T. Butler, "Dentin Sialoprotein, Dentin Phosphoprotein, Enamelysin and Ameloblastin: Tooth-Specific Molecules that are Distinctively Expressed during Murine Dental Differentiation," European Journal of Oral Science, 106 (1998) 963-970.

[82] C. D. Fong, I. Slaby e L. Hammarstrom, "Amelin, an Enamel Related Protein, Transcribed in the Cells of Epithelial Root Sheath," Journal of Bone Mineral Research, 7 (1996) 833-891.

[83] M. Nakamura, P. Bringas, A. Nanci, M. Zeichner-David, B. Ashdown e H. C. Slavkin, "Translocation of enamel proteins from inner enamel epithelia to odontoblasts during mouse tooth development," The Analytical Record, 238 (1994) 383-96.

[84] S. F. Ang, T. Scholz, A. Klocke e G. A. Schneider, "Determination of the Elastic/Plastic Transition of Human Enamel by Nanoindentation," Dental Materials, 25 (2009) 1403-1410.

[85] A. L. Arsenault e B. W. Robinson, "A junção dentina-esmalte: A structural and microanalytical study of early mineralization," Calcified Tissue International, 45 (1989) 111-121.

[86] Y. Hayashi, "High resolution electron microscopy in the dentino-enamel junction," Journal of Electron Microscopy, 41 (1992) 387-391.

[87] J. Lustmann, "Dentinoenamel junction area in primary tooth affected by Morquio's syndrome," Journal of Dental Research, 57 (1978) 475-479.

[88] A. W. Rywkind, "So-called scalloped appearance of the dentino-enamel junction," Journal of American Dental Association, 18 (1931) 1103-1110.

[89] J. H. Scott e N. B. B. Symons, "Introduction to Dental Anatomy", 6ª ed., Ed. Livingstone, Edimburgo, 1971.

[90] J. Sela, M. Lustmann e M. Ulmansky, "Dentino-enamel junction area of a resorbing permanent incisor studied by means of scanning electron microscopy," Journal of Dental Research, 54 (1975) 110-113.

[91] A. R. Ten Cate, Oral Histology: Development, Structure, and Function, 4ª ed., Mosby, St. Mosby, St. Louis, 1994.

[92] D. K. Whittaker, "A junção esmalte-dentina do dente humano e do Macacairus: A light and electron microscopic study," Journal of Anatomy, 125 (1978) 323-335.

[93] D. S. Brauer, G. W. Marshall e S. J. Marshall, "Variations in human DEJ scallop size with tooth type", Journal of Dentistry, 38 (2010) 597-601.

[94] S. D. Tylman, "The dentino-enamel junction," Journal of Dental Research, 8 (1928) 615-622.

[95] R. G. Craig, F. A. Peyton e D. W. Johnson, "Compressive properties of enamel dental cements and gold", Journal of Dental Research, 40 (1961) 936-945.

[96] S. T. Rasmussen, R. E. Patchin, D. B. Scott e A. H. Heuer, "Fracture properties of human enamel and dentin," Journal of Dental Research, 55 (1976) 154-164.

[97] H. Fong, M. Sarikiya, S. N. White e M. L. Snead, "Nano mechanical properties profiles across dentin enamel junction of human incisor tooth," Material Science and Engineering C, 7 (2000) 119-128.

[98] L. H. He e M. V. Swain, "Contact induced deformation of enamel," Applied Physics Letters, 90 (2007) 171916(1)-171916(3).

[99] S. Roy e B. Basu, "Mechanical and tribological characterization of human tooth," Materials Characterization, 59 (2008) 747-756.

[100] Y. R. Jeng, T. T. Lin, H. M. Hsu, H. J. Chang e D. B. Shieh, "Human enamel rod presents anisotropic nanotribological properties," Journal of the Mechanical behavior of Biomedical Materials, 4 (2011) 515-522.

[101] S. R. Stock, A. E. M. Vieira, A. C. B. Delbem, M. L. Cannon, X. Xiao e F. D. Carlo, "Synchrotron microcomputed tomography of the mature Bovine dentinoenamel junction," Journal of Structural Biology, 161 (2008) 162-171.

[102] T. Pioch e H. J. Staehle, "Experimental investigation of the shear strengths of tooth in the region of the dentinoenamel junction," Quintessence International, 27 (1996) 711-714.

[103] G. W. Marshall, M. Balooch, R. R. Gallagher, S. A. Gansky e S. J. Marshall, "Mechanical properties of the dentino enamel junction: AFM studies of nanohardness, elastic modulus, and fracture," Journal of Biomedical Materials Research, 54 (2001) 87-95.

[104] C. P. Lin, W. H. Douglas e S. I. Erlandsen, "Scanning electron microscopy of type I collagen at the dentin-enamel junction of human tooth," Journal of Histochemistry & Cytochemistry, 41 (1993) 381-388.

[105] S. Bechtle, T. Fett, G. Rizzi, S. Habelitz, A. Klocke e G. A. Schneider, "Crack arrest within tooth at the dentino-enamel junction caused by elastic modulus mismatch", Biomaterials, 31 (2010) 4238-4247.

[106] Y. L. Chan, A. H. W. Ngan e N. M. King, "Nano-scale structure and mechanical properties of the human dentin-enamel junction," Journal of the Mechanical Behavior of Biomedical Materials, 4 (2011) 785-795.

[107] I. G. De Luis, M. A. Garrido, T. G. Rio, L. Ceballos e J. Rodriguez, "Comparação das propriedades mecânicas da dentina e do esmalte determinadas por diferentes técnicas de nanoindentação: método convencional e rigidez contínua medição", Boletin De La Sociedad Espanola De Ceramica Y Vidrio Articulo, 49 (2010) 177-

182.
[108]   R. Halgas, J. Duisza e J. Kaiferova, L. Kovacsova e N. Markovska, "Nanoindentation testing of human enamel and dentin," Ceramics - Silikaty, 57 (2013) 92-99.
[109]   R. G. Craig e F. A. Peyton, "Elastic and Mechanical properties of Human Dentin", Journal of Dental Research, 37 (1957) 710-718.
[110]   M. Balooch, S. G. Demos, J. H. Kinney, G. W. Marshall, G. Balooch e S. J. Marshall, "Local mechanical and optical properties of normal and transparent root dentin" The Journal of Materials Science: Materials in Medicine, 12 (2001) 507-514.
[111]   G. W. Marshall, S. Habelitz, R. Gallagher, M. Balooch, G. Balooch e S. J. Marshall, "Nanomechanical Properties of Hydrated Carious Human Dentin", Journal of Dental Research, 80 (2001) 1768-1771.
[112]   B. Van Meerbeek, G. Willems, J. P. Celis, J. R. Roos, M. Braem, P. Lambrechts e G. Vanherle, "Avaliação por nano-indentação da dureza e elasticidade da área de ligação resina-dentina", Journal of Dental Research, 72 (1993) 1434-1442.
[113]   J. H. Kinney, M. Balooch, S. J. Marshall, G. W. Marshall e T. P. Weihs, "Atomic Force Microscope Measurements of the Hardness and Elasticity of Peritubular and Intertubular Human Dentin," Journal of Biomechanical Engineering, 118 (1996) 133-135.
[114]   J. Zhou e L. L. Hsiung, "Depth Dependence of the Mechanical Properties of Human Enamel by Nanoindentation," Journal of Biomedical Materials Research A, 81 (2007) 66-74.
[115]   J. H. Kinney, S. J. Marshall e G. W. Marshall, "The Mechanical Properties of Human Dentin: a Critical Review and Re-evaluation of the Dental Literature," Critical Reviews in Oral Biology and Medicine, 14 (2003) 13-29.
[116]   R. K. Nalla, V. Imbeni, J. H. Kinney, M. Staninec, S. J. Marshall e R. O. Ritchie, "In vitro fatigue behavior of human dentin with implications for life prediction," Journal of Biomedical Materials Research A, 66 (2003) 10-20.
[117]   R. K. Nalla, M. Balooch, J. W. Ager III, J. J. Kruzic, J. H. Kinney e R. O. Ritchie, "Effects of polar solvents on the fracture resistance of dentin: role of water hydration", Ata Biomaterialia, 1 (2005) 31-43.
[118]   S. Habelitz, G. W. Marshall Jr., M. Balooch e S. J. Marshall, "Nanoindentation and storage of tooth," Journal of Biomechanics 35 (2002) 995-998.
[119]   H. K. Chnga, H. N. Ramli, A. U. J. Yap e C. T. Lim," Effect of hydrogen peroxide on intertubular Dentin," Journal of Dentistry, 33 (2005) 363-369.
[120]   W. Tesch, N. Eidelman, P. Roschqer, F. Goldenberq, K. Klaushofer e P. Fratzl, "Graded microstructure and mechanical properties of human crown dentin", Calcified Tissue International, 69 (2001) 147-157.
[121]   G. Guidoni, J. Denkmayer, T. Schoberl e I. Jager, "Nanoindentação em dente: influência das condições experimentais nas propriedades mecânicas locais," Philosophical Magazine, 86 (2006) 5705-5714.
[122]   I. R. Spears, "A three-dimensional finite element model of prismatic enamel: a re-appraisal of the data on the young's modulus of enamel," Journal of Dental Research, 76 (1997) 1690-1697.
[123]   A. Reuss e Z. Angew, "Calculation of the yield strength of solid solution due to the plasticity condition of single crystals," ZAMM- Journal of Applied Mathematics and Mechanics, 9 (1929) 49-58.
[124]   W. Voigt, "About the relationship between the two elastic constants of isotropic body," Philosophical Transactions, 38 (1889) 573-587.
[125]   R. Hill, "The elastic behavior of a crystalline aggregate," Proceedings of the Physical Society A, 65 (1952) 349-354.

Capítulo 3

Descreve os pormenores da preparação da amostra, as máquinas utilizadas e os diferentes tipos de experiências efectuadas.

3.1 Preparação da amostra

Para todos os vários tipos de experiências efectuadas no presente estudo, são utilizados dois conjuntos de amostras de dentes pré-molares inferiores. Um conjunto é de um homem indiano de 65 anos de idade. As experiências de nanoindentação efectuadas a uma taxa de carga constante, a uma taxa de carga variável e as medições de microindentação são realizadas nestas amostras. O outro conjunto é de um homem indiano de 35 anos de idade. O comportamento dependente do tempo é estudado nestas amostras.

As amostras foram recolhidas no Dr. R. Ahmed Dental College and Hospital, Calcutá, Índia. As amostras obtidas são de pacientes submetidos a remoção cirúrgica dos dentes por razões ortodônticas. São colhidas amostras frescas, desprovidas de qualquer cavidade. Estas amostras são posteriormente preparadas para as experiências de microindentação e nanoindentação. Em primeiro lugar, o dente recém-extraído é limpo. A técnica convencional de radiação gama é utilizada para esterilizar as amostras. Até serem utilizadas, as amostras são armazenadas em água desionizada a uma temperatura de cerca de 4° C para inibir o crescimento bacteriano. Para as experiências de nanoindentação e microindentação, as amostras de dentes são seccionadas ao longo da direção longitudinal por uma serra de diamante de baixa velocidade (Minitom, Struers, Dinamarca). A fotografia da serra é apresentada na Fig. 3.1.

Esta etapa é seguida de uma limpeza por ultra-sons (Takashi, MX50 SH-1.2LQ, Japão). A Fig. 3.2 mostra uma fotografia da máquina de limpeza por ultra-sons. A limpeza é efectuada utilizando sequencialmente acetona de grau de reagente analítico, etanol e água desionizada.

De seguida, as amostras de dentes limpos são embebidas em resina epoxi. O molde com os dentes embutidos é deixado durante pelo menos doze horas até a resina estar curada.

Fig. 3.1: *A serra de diamante de baixa velocidade.*

O dente embutido é rectificado até ficar plano e paralelo com papel de carboneto de silício de granulação 600 mícron. Sob irrigação com água, este passo demora cerca de 5 minutos. Em seguida, a amostra é limpa por ultra-sons durante 10 minutos. É então utilizado um novo lixamento com papel SiC de granulação 800 e 1000, da mesma forma que na etapa anterior, para remover completamente os riscos.

Fig. 3.2: *A máquina de limpeza por ultra-sons.*

A superfície polida do dente embutido é então polida com pastas de diamante (Eastern Diamond Pvt. Ltd., Kolkata, Índia) de 9 pm até 0,25 pm. O lubrificante utilizado é uma mistura de 75% de água e 25% de glicerol. O polimento é efectuado com uma máquina de polir automática (Labopol-5, Struers, Dinamarca). A fotografia da máquina de polir é apresentada na Fig. 3.3.

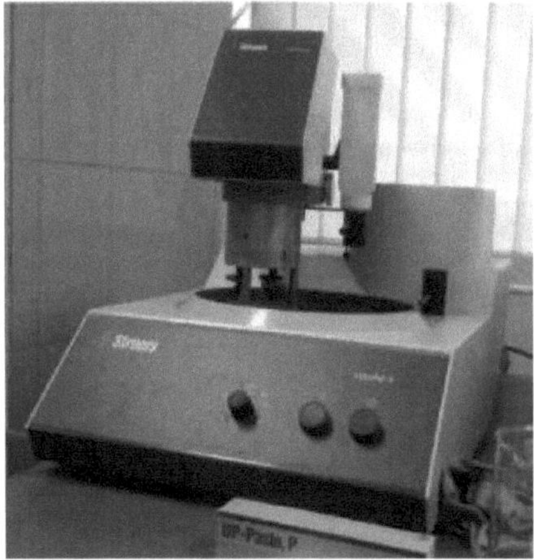

Fig. 3.3: *A máquina de polir.*

A superfície polida (Fig. 3.4) é limpa por ultra-sons durante 10 minutos e seca com um tecido para lentes ópticas. Esta etapa é necessária para eliminar a presença de eventuais pastas de polimento que possam ter ficado como uma camada manchada na superfície da amostra.

Após o polimento, a rugosidade média da superfície (R_a) resultante da preparação é caracterizada utilizando a microscopia de sonda de varrimento (SPM) em modo de contacto ligada ao Hysitron Triboindenter Ubi 700. Os detalhes desta máquina serão discutidos em pormenor mais tarde.

Após esta etapa, o espécime está então totalmente pronto para as caracterizações microestruturais e nanomecânicas. Durante todas as experiências de nanoindentação, a temperatura ambiente é mantida a 30° C. A humidade relativa é de ~70%. Uma vez preparadas e enquanto aguardam os ensaios, as amostras são mantidas totalmente hidratadas em água desionizada com um pequeno número de cristais de timol. Os testes são normalmente efectuados no prazo de 2 dias após a preparação.

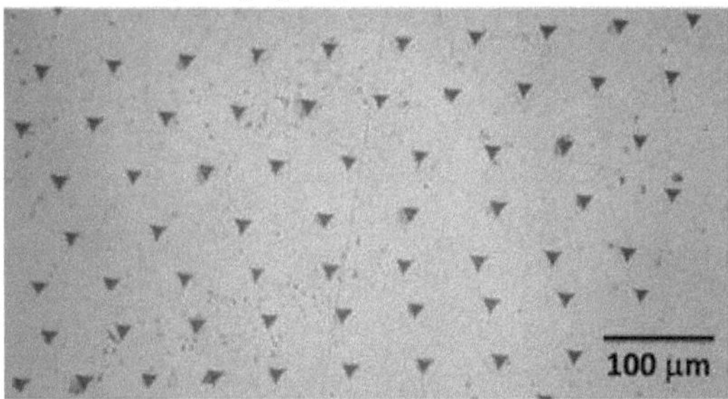

Fig. 3.4: *Micrografia ótica mostrando indentações de linha numa amostra polida.*

3.2 Experiências de indentação

São efectuados dois tipos de experiências de indentação. Um é o das experiências de microindentação. Estas são efectuadas com um aparelho de teste de microdureza convencional (LV 700, LecO, EUA). O outro são as experiências de nanoindentação. Estas são efectuadas com um nanoindentador convencional (Fischerscope H100-XYp, Fischer, Suíça). Os dados relativos à nano-dureza e ao módulo de Young são avaliados a partir dos gráficos de carga versus profundidade de penetração, utilizando o método bem estabelecido de Oliver e Pharr (O-P) [1]. Apresenta-se de seguida uma breve discussão sobre as duas máquinas acima referidas:

3.2.1 O aparelho de medição da dureza Vickers, LV 700

A Fig. 3.5 apresenta uma fotografia do aparelho de ensaio de dureza. É utilizado para explorar as propriedades micromecânicas do espécime. A máquina está equipada com um indentador de diamante Vickers. A forma do indentador tem a forma de uma pirâmide direita com uma base quadrada e um ângulo de cerca de 136° entre faces opostas. A gama de cargas da máquina é de cerca de 3 a 300 N. Está equipada com 3 objetivas com ampliações de 10 X, 20 X e 50 X. A resolução da fase controlada por passo é de 1,0 pm. A máquina
possui também uma plataforma de dois eixos que mede 100 mm por 75 mm. Está também equipado com um controlo de passo incorporado com uma focagem automática de alta velocidade com uma resolução de 0,1 pm.

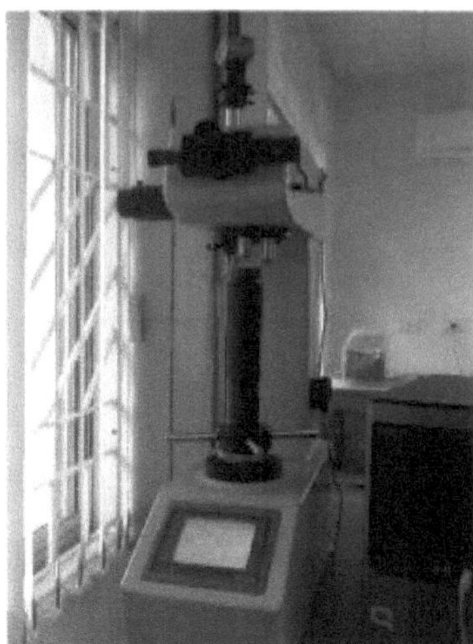

Fig. 3.5: O aparelho de medição da dureza Vickers.

3.2.1.1 Teoria

Para avaliar a microdureza Vickers, as duas diagonais X e Y da impressão da indentação na superfície do material após a remoção da carga são medidas e o comprimento médio (L) é calculado utilizando a seguinte equação:

$Hv = 0,1889F/L^2$ (3.1)

onde,

$L = (X+Y)/2$ (3.2)

Aqui, F é a carga aplicada (N), L é a diagonal média da impressão quadrada (em pm), X e Y são os comprimentos das diagonais mutuamente perpendiculares em pm. A resistência à fratura por indentação (K_{IC}) é calculada de acordo com a relação abaixo indicada [2]:

$cci = 0,016(E/H)^{0.5} (P/D^{1.5}$)(3.3) em que 0,016 é um fator constante que está relacionado com a geometria do indentador e com os dados de calibração, E é o módulo de Young do nanocompósito de esmalte, H é a dureza do nanocompósito de esmalte medida a uma carga macroscópica P (= 4.9 N) utilizando a Eqn. 3.1 e D é o comprimento caraterístico da fenda que compreende metade da diagonal média da indentação mais o comprimento médio da fenda medido desde a ponta da impressão da indentação até à ponta da fenda criada com a carga P.

3.2.1.2 Experiências de microindentação

Para avaliar a resistência à fratura por indentação do nanocompósito de esmalte dentário humano, foram realizadas experiências de microindentação na região do esmalte. Começa na região DEJ e vai até à região exterior do esmalte. Estas experiências são efectuadas utilizando a microindentação Vickers a uma carga constante de 4,9 N. Nestas experiências, o tempo de permanência é sempre mantido fixo em 30 segundos. Além disso, também são efectuadas indentações em condições experimentais semelhantes às acima referidas na região da dentina, perto da zona DEJ, com o objetivo de obter uma imagem comparativa dos padrões de deformação e/ou de danos nas três regiões dos dentes, tal como acima referido.

3.2.2 A máquina Fischerscope H100-XYp

A Fig. 3.6 mostra uma fotografia do nanoindentador (Fischerscope H100-XYp, Suíça). Está equipado com uma ponta de Berkovich. O indentador Berkovich tem um raio de ponta de cerca de 150 nm e um ângulo semi-apical de 65,3°. A máquina funciona de acordo com a norma DIN 50359-1. A máquina tem uma gama de cargas de 0,4-1000 mN. A resolução da deteção de profundidade da máquina é de 1 nm. A resolução da deteção de força da máquina é de 0,2 gN. Quando a máquina está pronta para indentação, o indentador sai da cobertura metálica preta e penetra na amostra. As medições da nano-dureza (H) e do módulo de Young (E) são efectuadas a partir dos gráficos de carga versus profundidade de penetração obtidos experimentalmente, utilizando o conhecido método de Oliver-Pharr [6].

Fig. 3.6: (a) O nano-indentador Fischerscope, (b) e (c) o sistema ótico com a lente ligada ao nano-indentador e (d) a plataforma do espécime com o espécime e o indentador dentro da tampa.

A máquina é calibrada com uma avaliação independente baseada na nanoindentação de H ~4,14 GPa e E ~84,6 GPa de um vidro Schott BK7 (Schott, Alemanha) fornecido pelo fornecedor como material de referência padrão para efeitos de calibração da máquina. Não se observou qualquer variação significativa nos dados de calibração. Os gráficos carga-profundidade do bloco de calibragem de referência padrão BK-7 fornecido pelo fornecedor da máquina são apresentados como prova adicional na Fig. 3.7.

As curvas carga-profundidade suaves estão quase sobrepostas umas às outras, o que prova o fator de repetibilidade. Além disso, os dados relativos à dureza e ao módulo de Young do bloco de calibração de referência padrão BK-7 em função do número de medições são apresentados na Fig. 3.8a e na Fig. 3.8b, respetivamente.

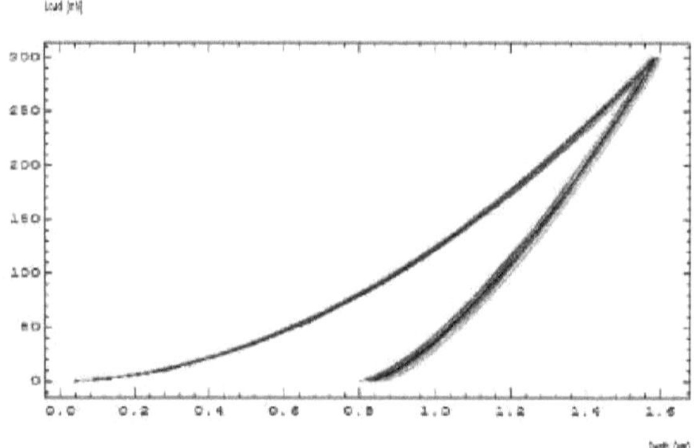

Fig. 3.7: Gráficos carga-profundidade do bloco de vidro de calibração Schott BK-7.

Os dados médios obtidos nas nossas experiências de calibração correspondem bastante bem com os dados de referência de calibração (~H= 4,14±0,1GPa e E= 84,6±3,5 GPa) fornecidos pelo fornecedor.

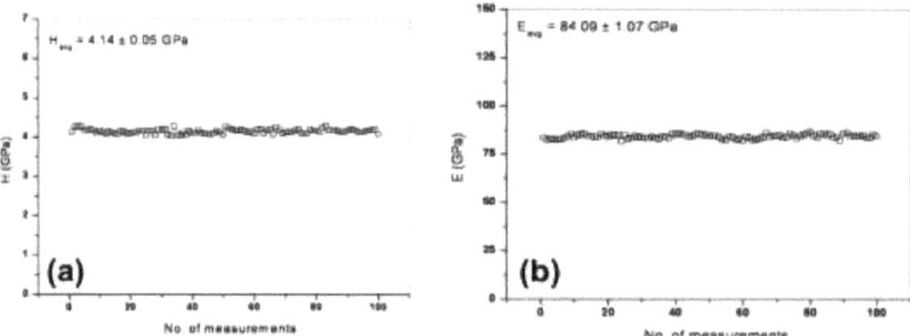

Fig. 3.8: (a) Dados de nanodureza e (b) módulo de Young do bloco de vidro de calibração Schott BK-7 em função do número de medições.

A calibração é repetida antes de cada experiência. A razão para este exercício tem duas vertentes. A primeira é garantir que os valores de calibração da nanodureza e do módulo de Young para o bloco de vidro de referência da calibração padrão,
Schott BK-7, um material padrão; está dentro dos limites prescritos para o erro experimental.
O segundo é assegurar que o gráfico carga-profundidade está livre de quaisquer efeitos temporais, tais como desvios térmicos, etc. Este procedimento de verificação da calibração é efectuado deliberadamente para verificar também o grau de reprodutibilidade dos dados experimentais, que se considera satisfatório.

3.2.2.1 Teoria de base da nanoindentação

Durante a nanoindentação, o instrumento de alta resolução monitoriza continuamente a carga, P e a profundidade de penetração, h de um indentador que, na presente investigação, é uma ponta de Berkovich. Estes dados são utilizados para obter o gráfico de dados de carga versus profundidade de penetração (Ph) mostrado esquematicamente na Fig. 3.9.
As grandezas físicas importantes obtidas a partir do gráfico carga versus profundidade de penetração são: a carga de pico, P_{max}, a profundidade de penetração máxima, h_{max}, a profundidade de penetração final, h_f, e a rigidez de contacto, S. A partir do modelo de Oliver e Pharr [1], a nanodureza de um material é dada pela seguinte Eqn. 3.4:

$$H = P_{max}/A_{cr} \tag{3.4}$$

em que, Pmax é a carga máxima aplicada e Acr é a área de contacto real entre o indentador e o material.

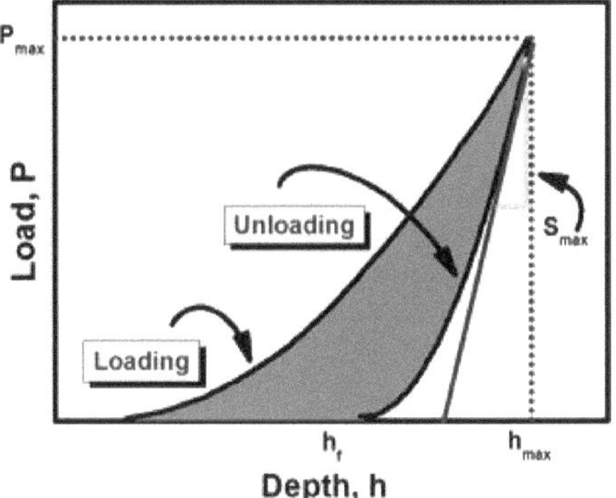

Fig. 3.9: *Uma carga típica (P)-profundidade (h) obtida a partir da experiência de nanoindentação.*

De acordo com Oliver e Pharr [1], a forma polinomial de A_{cr} pode ser expressa como (Eqn. 3.5):

$$A_{cr} = 24.56h_c^{\,2} + C_1h_c + C_2h_c^{\,1/2} + C_3h_c^{\,1/4} + \ldots + C_8h_c^{\,1/128} \tag{3.5}$$

em que C1 a C8 são constantes a determinar pelo método de calibração padrão e hc é a profundidade de penetração determinada a partir da seguinte expressão [3]:

$$h_c = h_{max} - \kappa\frac{P_{max}}{S} \tag{3.6}$$

em que, $\kappa \approx 0.75$ um indentador de Berkovich [3, 4]

Mais uma vez, a rigidez de contacto (S), que é o declive da primeira ~1/3ª parte linear registada durante o ciclo de descarga do gráfico carga versus profundidade (Fig. 3.9) de penetração, pode ser expressa como [5]:

$$S = \frac{dP}{dh}\bigg|h = h_{max} = \alpha C_A E_r\sqrt{A_{cr}} \tag{3.7}$$

em que, $\alpha = 1.034$ e $C_A = 2/\sqrt{\pi}$ para um indentador de Berkovich [5] e E_r é o valor reduzido de

Módulo de Young. Seguindo o modelo O-P, Er pode ser expresso como (Eqn. 3.8) [6]: onde, Ei e vi são o módulo de Young e o coeficiente de Poisson, respetivamente e os subscritos i e s, denotam o indentador e a amostra, respetivamente. Para o indentador de diamante Berkovich utilizado no presente trabalho, os valores de Ei e vi são considerados como 1140 GPa e 0,07, respetivamente, de acordo com [6].

$$\frac{1}{E_r} = \frac{1-v_i^{\,2}}{E_i} + \frac{1-v_s^{\,2}}{E_s} \tag{3.8}$$

No entanto, de acordo com Oliver e Pharr, a curva de descarga obedece simplesmente à seguinte lei de potência (Eqn. 3.9) [6]:

$$P = \alpha(h-h_f)^m \tag{3.9}$$

em que, a e m são constantes empíricas que podem ser determinadas ajustando os dados medidos experimentalmente a partir do gráfico de dados da carga versus profundidade de penetração a

Equação (3.7). Assim, a rigidez de contacto também pode ser determinada utilizando a seguinte expressão [3]:

$$S = (dP/dh)_{h=hmax} = \alpha\, m(h-h_f)^{m-1} \tag{3.10}$$

Assim, substituindo os valores de S, a, CA e A_{cr} na Equação (3.10), calcula-se o valor do módulo reduzido E_r. O valor do módulo de Young da amostra, E_s, pode ser facilmente obtido a partir da Equação (3.7), utilizando os valores conhecidos de E_r e E_i.

3.2.2.2 Experiências de nanoindentação

Para todas as experiências, são efectuadas indentações em linha com 10 indentações. A média e os desvios-padrão são então calculados para todos os parâmetros estudados. Os dados obtidos são depois analisados com gráficos individuais ou múltiplos. Qualquer gráfico carga-profundidade que seja descontínuo é removido.

As experiências de nanoindentação são efectuadas nas regiões do esmalte e da dentina com uma carga constante de 100 mN. O tempo de carga é de 30 segundos. O tempo de descarga é mantido igual ao tempo de carga. É efectuada uma série de linhas de 10 nano-entalhes a partir da junção dentina-esmalte (DEJ) até 300 pm na zona do esmalte. É efectuada uma série de linhas semelhantes de 10 nanoindentações, começando na DEJ até 300 pm na zona da dentina. Outro conjunto de experiências (conjunto de linhas de 10 nanoindentações) é efectuado na região do esmalte, começando na DEJ até 800 pm em direção à região do esmalte exterior. Também aqui as experiências são efectuadas com uma carga constante de 100 mN e um tempo de carga de 30 segundos.

Os tempos de carga e descarga variam entre 0,4 segundos e 100 segundos, de uma forma pré-planeada, de modo a obter uma gama de variação desejada nas taxas de carga dos nanocompósitos de esmalte dentário humano. O objetivo é estudar o efeito das variações das taxas de carga nas propriedades nanomecânicas da região do esmalte dentário humano. Para este efeito, é utilizada uma carga máxima constante de 100 mN.

O comportamento dependente do tempo das zonas de esmalte e dentina é estudado com cargas máximas de 50 mN e 100 mN, respetivamente. Estas experiências são conduzidas para estudar os comportamentos de deformação por nanoindentação e fluência do esmalte dentário humano e das regiões de dentina. Os tempos de carga e descarga em ambos os casos são mantidos iguais em 30 segundos. Para estas experiências, são utilizados períodos de retenção constantes de 1, 5, 10, 20, 30, 40, 50 e 60 segundos com as cargas máximas. Os tempos de espera aqui referem-se especificamente aos tempos passados pelas regiões de esmalte ou dentina da presente amostra sob o nanoindentador que já atingiu a carga máxima prescrita de 50 mN ou 100 mN, conforme o caso. Por outras palavras, nestas experiências, o processo de descarregamento começa imediatamente após os segmentos de tempo de 1, 5, 10, 20, 30, 40, 50 e 60 segundos terem terminado, de forma correspondente, sob a carga máxima prescrita, conforme mencionado anteriormente, e termina nos 30 segundos seguintes.

3.3 Caracterizações microestruturais

A rugosidade da superfície, R_a, das amostras é medida pelo microscópio de sonda de varrimento (SPM) ligado a outro nanoindentador (Tribo Indenter, UBI 700, Hysitron, EUA) disponível no nosso laboratório. Outros estudos de caraterização microestrutural são efectuados por microscopia ótica (GX51, Olympus, EUA), microscopia eletrónica de varrimento (SEM, Hitachi S-3400N, Japão), microscopia eletrónica de varrimento por emissão de campo (FESEM, Supra VP 35, Carl-Zeiss, Alemanha) e microscopia de sonda de varrimento (SPM, TriboIndenter UBI 700, Hysitron, EUA). Além disso, a análise da composição é efectuada com a técnica de raios X por dispersão de energia (EDX) na mesma máquina SEM descrita anteriormente. Antes da inserção na câmara de amostras para microscopia eletrónica, é depositado um revestimento de ouro de 50-70 nm nas amostras de dentes através da técnica de deposição por arco para evitar o carregamento.

3.3.1 O Triboindentador Hysitron Ubi 700

A imagem do Triboindenter Ubi 700 da Hysitron é apresentada na Fig. 3.10. A máquina oferece uma gama de cargas de 0,01 yN-12000 yN. A resolução de deteção de carga da máquina é de 1 nN. A resolução da deteção de profundidade da máquina é de 0,04 nm ao longo do eixo z. O desvio térmico é mantido a < 0,05 nm.s^{-1} . A máquina fornece uma topografia de superfície de força de contacto constante no modo de microscopia de sonda de varrimento (SPM). Fornece também um gráfico de carga versus profundidade em modo de nanoindentação, utilizando uma ponta de Berkovich com um raio de ~ 150 nm e um ângulo semi-apical de 65,3° . Utilizámos esta máquina para obter as fotomicrografias SPM em diferentes regiões do esmalte referidas no capítulo 5.

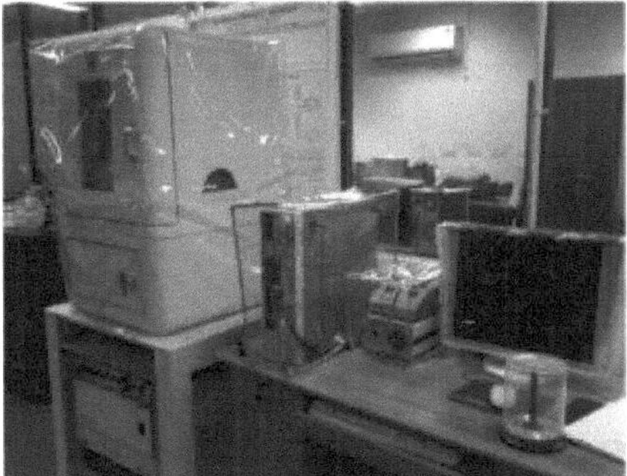

Fig. 3.10: A imagem do Hysitron Triboindenter Ubi 700.

A amostra é montada numa mesa motorizada que permite um movimento no plano normal ao movimento axial da ponta. Existe um dispositivo ótico para focar e determinar o local na amostra. O transdutor que mede tanto a carga como a profundidade é constituído por um condensador de três placas com a mesma ponta de Berkovich "acima mencionada" e ligado à placa central. O instrumento é calibrado através da realização de nanoindentações de profundidade crescente numa amostra padrão de quartzo fundido que tem uma nanodureza conhecida de 9,25±0,93 GPa e um módulo reduzido (E_r) de 69,6±3,48 GPa.

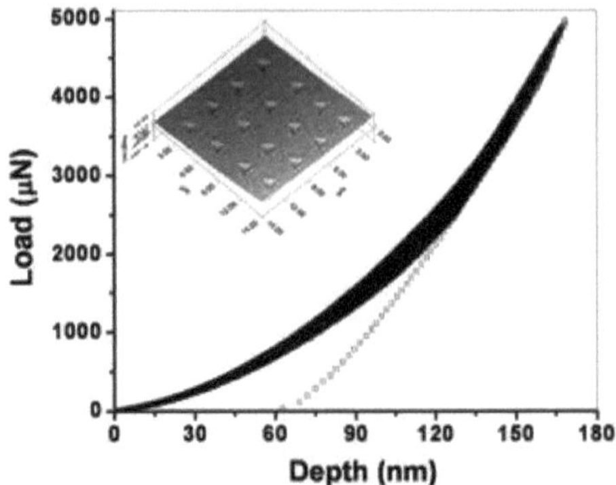

Fig. 3.11: Gráfico da profundidade de descarga parcial da amostra padrão de quartzo fundido.

A Fig. 3.11 apresenta um gráfico típico da profundidade de descarga parcial de uma amostra padrão de quartzo fundido. A imagem SPM da impressão da matriz de nanoindentação numa amostra padrão de quartzo fundido é mostrada no interior da Fig. 3.11.

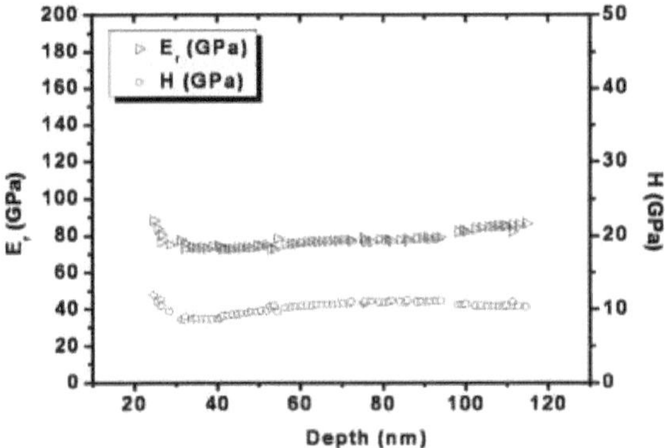

Fig. 3.12: Nano-dureza (H) e módulo reduzido (E_r) em função da profundidade de penetração para a amostra padrão de quartzo fundido.

Além disso, os dados da nanodureza e do módulo reduzido da amostra padrão de quartzo fundido são mostrados como uma função da profundidade na Fig. 3.12. Os dados também se encontram no intervalo mencionado anteriormente. A ponta de diamante utilizada neste trabalho é conhecida por ter uma

Coeficiente de Poisson de 0,07 e módulo de Young de 1140 GPa [6].

3.3.2 O Microscópio Ótico

O microscópio ótico (GX-51, Olympus, Japão) (Fig. 3.13), frequentemente designado por "microscópio de luz", é um tipo de microscópio que utiliza luz visível e um sistema de lentes para ampliar imagens de pequenas amostras. As ampliações disponíveis são, por exemplo, 5X, 10X, 20X, 50X e 100X.

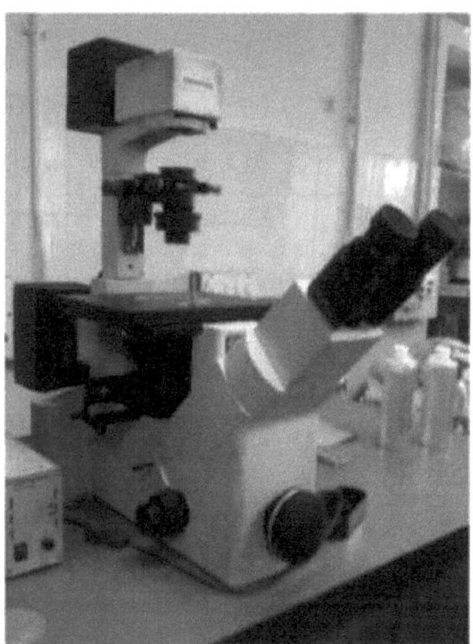

Fig. 3.13: O microscópio ótico no nosso laboratório .

A imagem de um microscópio ótico pode ser captada por câmaras normais sensíveis à luz para gerar uma micrografia. A morfologia e os danos da superfície da amostra podem ser caracterizados em três modos diferentes, nomeadamente, campo claro, campo escuro e contraste de interferência de Nomarkski. No entanto, o presente trabalho utiliza micrografias ópticas obtidas apenas em condições de campo claro.

Referências

[1] W. C. Oliver e G. M. Pharr, "An improved technique for determining hardness and elastic modulus using load and displacement sensing indentation experiments", Journal of Materials Research, 7 (1992) 1564-1583.

[2] G. R. Anstis, P. Chantikul, B. R. Lawn e D. B. Marshall, "A Critical Evaluation of Indentation Techniques for Measuring Fracture Toughness: II, Strength Method", Journal of the American Ceramic Society, 64 (1981) 539-543.

[3] Z. Ling e J. Hou, "A nanoindentation analysis of the effects of microstructure on elastic properties of Al2O3/SiC composites", Composites Science and Technology, 67 (2007) 3121-3129.

[4] S. Guicciardi, D. Sciti, C. Melandri e A. Bellosi, "Nanoindentation Characterization of Submicro- and Nano-Sized Liquid-Phase-Sintered SiC Ceramics", Journal of the American Ceramic Society, 87 (2004) 2101-2107.

[5] S. Guicciardi, A. Balbo, D. Sciti, C. Melandri e G. Pezzotti, "Nanoindentation Characterization of SiC-Based Ceramics", Journal of the European Ceramic Society, 27 (2007) 1399-1404.

[6] W. C. Oliver e G. M. Pharr, "An improved technique for determining hardness and elastic modulus using load and displacement sensing indentation experiments," Journal of Materials Research, 7 (1992) 1564-1583.

Capítulo 4

Apresenta as avaliações simultâneas da nano-dureza, do módulo de Young e da resistência à fratura do nanocompósito de esmalte e a estimativa do trabalho de fratura do mesmo.

4.1 Introdução

O esmalte dentário é o mais duro e um dos mais duráveis tecidos de suporte de carga do corpo humano. Devido às suas excelentes propriedades mecânicas, o esmalte tem atraído um interesse considerável tanto dos cientistas de materiais como dos clínicos. O esmalte é submetido a várias forças mastigatórias durante a carga oclusal. Já foi discutido nos Capítulos 1 e 2 que a mecânica da dissipação de energia durante vários movimentos da cavidade oral ainda não é totalmente conhecida.

Partindo deste capítulo e indo mais além, a presente tese pretende fornecer uma jornada para desenvolver uma base de conhecimentos sobre os vários tipos de contactos e o mecanismo de fratura dos dentes. O presente capítulo compara as propriedades nanomecânicas das três zonas do dente humano (por exemplo, esmalte, dentina e junção dentina-esmalte) e mede a resistência à fratura por indentação do esmalte. Para o efeito, é utilizado um dente pré-molar inferior de um homem de 65 anos de origem indiana, tal como referido no Capítulo 3.

4.2 Propriedades mecânicas do nanocompósito de esmalte

Foram efectuados dois conjuntos de matrizes lineares de nanoindentações contendo 10 nanoindentações nas amostras de dentes polidos recentemente preparados. Destes dois conjuntos, um está localizado na porção de dentina. A outra matriz está localizada de forma a cobrir as regiões desde o meio até à região interior do nanocompósito do esmalte. Subsequentemente, é deliberadamente efectuada para se estender até à vizinhança imediata (por exemplo, dentro de ~10 pm) da região da junção dentina-esmalte (DEJ).

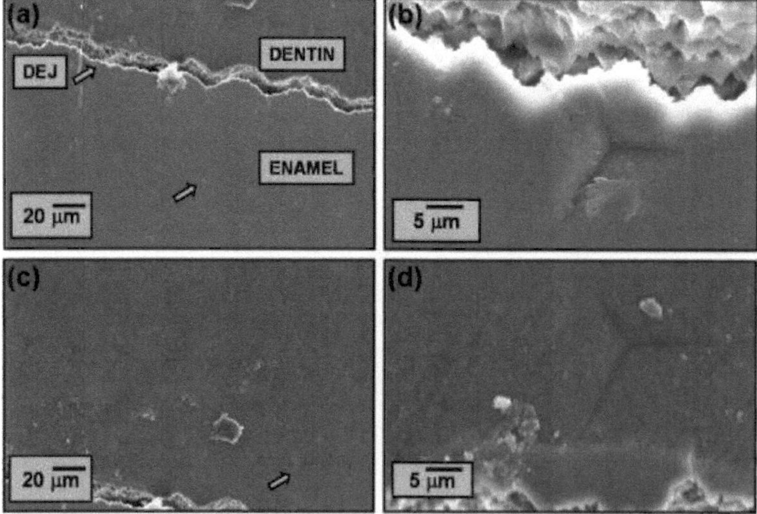

Fig. 4.1: *Fotomicrografias SEM típicas de (a) matriz de nanoindentação na região do nanocompósito do esmalte perto da zona DEJ (b) uma única indentação na região do nanocompósito do esmalte perto da zona DEJ (c) matriz de nanoindentação na região da Dentina e (d) uma única indentação na região da Dentina perto da zona DEJ.*

As fotomicrografias SEM de ampliação inferior e superior da matriz das nano-arestas no nanocompósito de esmalte e nas porções de dentina à volta da zona DEJ são mostradas nas Figs. 4.1a, 1c e Figs. 4.1b, 1d respetivamente. Estas fotomicrografias não mostram qualquer sinal óbvio de fissuração. Comparando as nano-arestas em ambos os lados do DEJ, observa-se que as nano-arestas na região do esmalte são muito mais pequenas do que na região da dentina. A região DEJ é vista como sendo altamente recortada e atravessando e separando aproximadamente ambos os tecidos dissimilares.

Os gráficos de carga (P) versus profundidade de nanoindentação (h) (Fig. 4.2) confirmam que uma quantidade muito maior de energia é absorvida durante a deformação à nanoescala pela dentina do que pelo nanocompósito de esmalte. O conjunto de gráficos é muito mais rígido na região do esmalte do que na região da dentina.

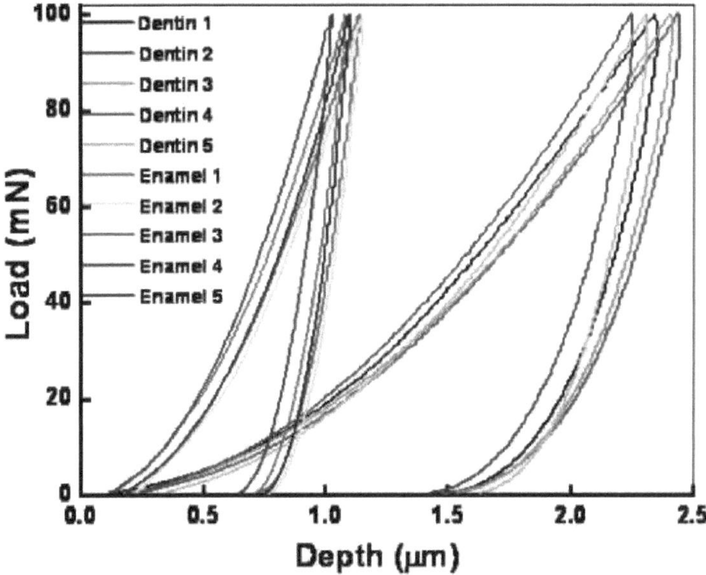

Fig. 4.2: *Gráficos típicos de carga (P) versus profundidade (h) das experiências de nanoindentação nas zonas de nanocompósito de esmalte e dentina de dentes pré-molares humanos.*

Tanto a nano-dureza (H), Fig. 4.3a, como os módulos de Young (E), Fig. 4.3b, de do nanocompósito de esmalte são muito mais elevados do que os da região da dentina. Assim, as observações experimentais efectuadas no presente trabalho são semelhantes aos dados relatados em
na literatura [1-3].

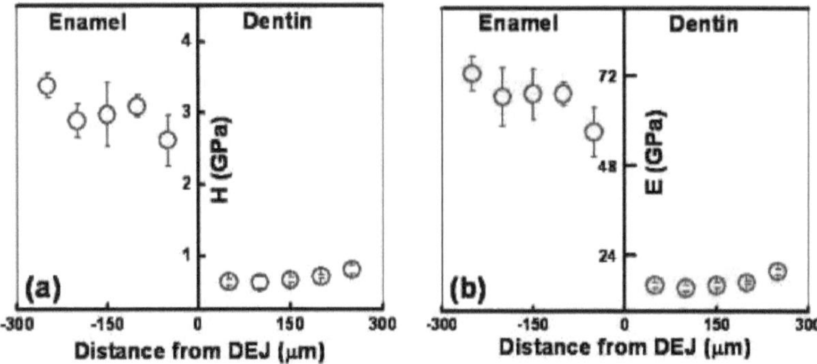

Fig. 4.3: *(a) Nano-dureza e (b) módulo de Young do nanocompósito de esmalte e das zonas de dentina em função da distância da zona DEJ.*

Os dados apresentados na Fig. 4.4a e Fig. 4.4b comparam a recuperação elástica e a recuperação plástica para as zonas do esmalte e da dentina. A recuperação elástica é muito maior no nanocompósito de esmalte (Fig. 4.4a) do que na região da dentina, enquanto a deformação plástica é muito maior na dentina (Fig. 4.4b) do que na região do nanocompósito de esmalte.

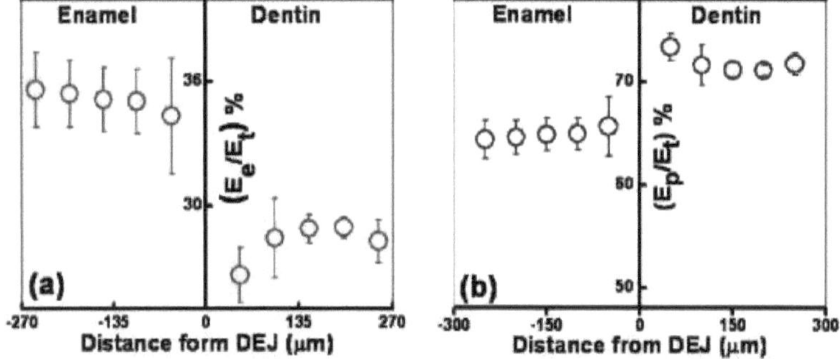

Fig. 4.4: *Para as zonas de nanocompósito de esmalte e dentina, os rácios percentuais de (a) elástico e (b) plástico para as energias totais de nanoindentação em função da distância da zona DEJ.*

A recuperação elástica aumenta gradualmente à medida que passamos do esmalte interior para o exterior, ao passo que a recuperação na região da dentina apresenta uma curva crescente e depois um ligeiro decréscimo no caso de passarmos da região da dentina exterior para a interior. A tendência na curva de recuperação da energia plástica é exatamente a oposta para ambos os tecidos relacionados.

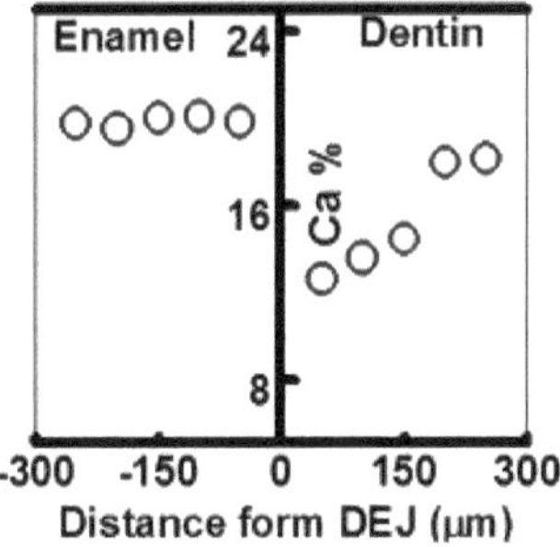

Fig. 4.5: *Variação das percentagens de cálcio nas zonas do nanocompósito de esmalte e da dentina em função da distância à zona DEJ.*

A região do nanocompósito de esmalte tinha sofrido um melhor grau de biomineralização, como refletido no seu conteúdo de cálcio relativamente mais elevado (Fig. 4.5) em comparação com o da região da dentina. Outros trabalhadores [4] também sugeriram que as melhores propriedades nanomecânicas da região do nanocompósito de esmalte estão ligadas ao seu maior grau de biomineralização em comparação com o da região da dentina.

Além disso, os dados de cci são avaliados a partir da região do nanocompósito do esmalte, do meio para o interior, estendendo-se até à vizinhança imediata da zona DEJ, com uma carga de 4,9 N, utilizando as medições dos comprimentos das fissuras superficiais emanadas dos quatro cantos de um indentador piramidal quadrado de diamante Vickers padrão, instalado num aparelho de medição da dureza (Leco HV700, EUA). Para além disso, também são feitas indentações sob condições experimentais semelhantes às acima referidas na região da dentina perto da zona DEJ, com o objetivo de gerar uma imagem comparativa dos padrões de deformação e/ou danos nas três regiões dos dentes, tal como discutido acima. A seguinte relação é utilizada para a avaliação dos valores de KIC [5]:

$$KIC = 0{,}016(E/H)^{0.5} (P/D^{1.5} \quad)(4.1)$$

em que 0,016 é um fator constante que está relacionado com a geometria do indentador e os dados de calibração, E é o módulo de Young do nanocompósito de esmalte medido independentemente pela técnica de nanoindentação, tal como mencionado acima, H é a dureza do nanocompósito de esmalte medida a uma carga macroscópica P (= 4,9 N) e D é o comprimento caraterístico da fenda que compreende metade da diagonal média da indentação mais o comprimento médio da fenda medido a partir da ponta da impressão da indentação até à ponta da fenda criada com a carga P.

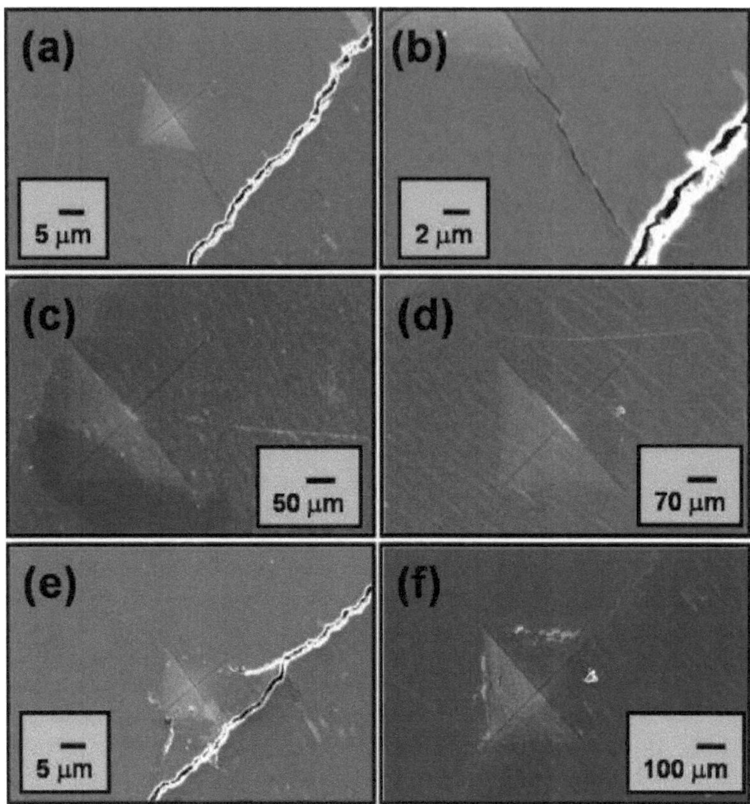

Fig. 4.6: *Fotomicrografias SEM típicas de (a) uma indentação Vickers na zona de nanocompósito do esmalte (b) propagação de fissuras perto da zona DEJ com maior ampliação (c) uma indentação Vickers na zona de dentina muito perto da zona DEJ (d) uma indentação Vickers na zona de dentina (e) Detenção de fissuras de uma indentação Vickers muito perto da zona DEJ (f) uma indentação Vickers na zona DEJ.*

As fotomicrografias SEM de menor ampliação das indentações Vickers na região do nanocompósito de esmalte, na região da dentina e na região do nanocompósito de esmalte muito perto do DEJ são mostradas respetivamente nas Figs. 4.6a, 6c e 6e, enquanto as fotomicrografias SEM de maior ampliação correspondentes são ilustradas nas Figs. 4.6b, 6d e 6f, respetivamente. Pode ser notado que, como esperado, não há geração de fissuras na região da dentina (Figs. 4.6c, 6d) e, portanto, o CCI da região da dentina não pôde ser medido.

Fig. 4.7: *Fotomicrografia FESEM da região DEJ recortada.*

A imagem FESEM da zona DEJ mostra que a junção tem uma superfície muito rugosa (Fig. 4.7). As letras 'E' e 'D' na Fig. 4.7 indicam as regiões de esmalte e dentina adjacentes à junção.

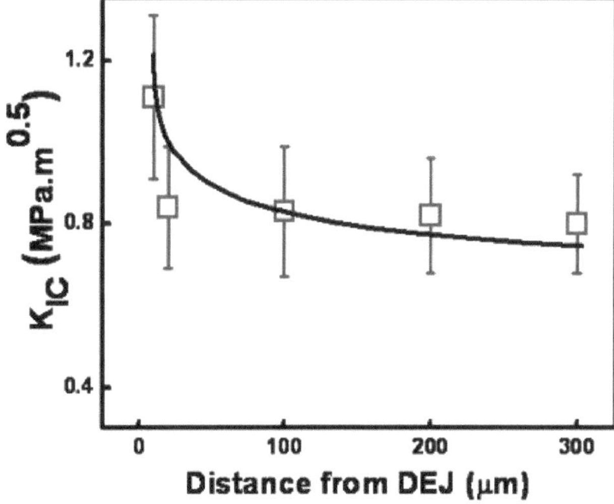

Fig. 4.8 : *Variação da tenacidade à fratura em função da distância à zona DEJ.*

A cci é tão baixa como 0,80 MPa.m$^{0.5}$ na região do nanocompósito do esmalte médio, mas aumenta cerca de 40% para uma magnitude de ~1,11 MPa.m$^{0.5}$ numa região na vizinhança imediata (por exemplo, dentro de ~10 pm) da zona DEJ (Fig. 4.8). Os dados de cci medidos experimentalmente no presente trabalho são comparáveis aos dados registados na literatura [6-9, 10 -12].

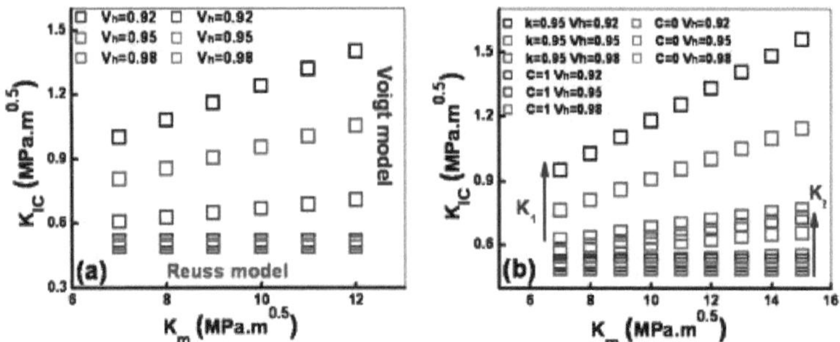

Fig. 4.9 : *Previsão da resistência à fratura do nanocompósito de esmalte dentário de pré-molar humano por (a) a 'Regra das Misturas' e (b) a 'Abordagem de Contiguidade'.*

k=0,95 Vh=0,92 k=D.95 Vh=D.95 k=0,95 Vh=D.9B C=1 Vh=0,92 C=1 Vh=0,95 C=1 Vh=0,9B

A Fig. 4.9a mostra as curvas de CCI previstas pela regra das misturas [13-15] em função da resistência à fratura da fase da matriz proteica (K_m) do nanocompósito de esmalte. Pode notar-se na Fig. 4.9a que os dados de cci medidos experimentalmente (0,80 a 1,11 MPa.m$^{0.5}$, Fig. 4.8) estão entre os valores previstos de cci para os quais K_m deve ser assumido como tendo um valor situado no intervalo entre 7 a 12 MPa.m$^{0.5}$. Os modelos de Reuss [13] e Voigt [14] representam respetivamente os limites inferior e superior.

Pode ainda notar-se, a partir dos dados apresentados na Fig. 4.9a, que os valores de CCI previstos de acordo com o modelo de Voigt [14] são sempre maiores do que os previstos de acordo com o modelo de Reuss [13]. Os dados apresentados na Fig. 4.9b mostram os valores de cci previstos utilizando a abordagem da contiguidade [44] em função da resistência à fratura (K_m) da fase da matriz proteica do nanocompósito de esmalte.

As fotomicrografias SEM da matriz das nano-arestas no nanocompósito de esmalte e nas porções de dentina à volta do DEJ não mostram qualquer sinal óbvio de fissuração (Fig. 4.1) porque a carga é ultra baixa. Numa escala comparativa, a dentina absorve uma quantidade muito maior de energia durante a deformação à nanoescala (Fig. 4.2) porque é um biopolímero que se deforma de forma viscoelástica, dissipando assim mais energia. Além disso, a inclinação da curva de descarga perto do seu início é muito mais rígida no nanocompósito de esmalte do que na região da dentina, Fig. 4.2. É por isso que o módulo de Young do nanocompósito de esmalte é muito mais elevado do que o da região da dentina (Fig. 4.3b).

O nanocompósito de esmalte possui uma nano-dureza mais elevada em comparação com a da região da dentina (Fig. 4.3a) porque a fase da matriz bioproteica é reforçada pelas barras de HAP nanocristalinas. É por isso que a quantidade de energia gasta em deformação elástica no nanocompósito de esmalte (Fig. 4.4a) é muito maior do que na dentina, enquanto a quantidade de energia gasta em deformação plástica é muito maior na dentina do que no nanocompósito de esmalte, Fig. 4.4b. Esta imagem também explica porque é que a profundidade final de penetração no nanocompósito de esmalte é muito menor do que na dentina com uma carga comparável (Fig. 4.2).

Assim, para uma carga ultra baixa comparável, as áreas de contacto projectadas no nanocompósito de esmalte são muito menores do que as da região da dentina. Como resultado, a nano-dureza (H) do nanocompósito de esmalte (Fig. 4.3a) é muito mais elevada do que a das regiões de dentina.

A outra razão mais importante para a maior nano-dureza do nanocompósito de esmalte é o maior grau de biomineralização comparado com o da região da dentina (Fig. 4.5). Não há qualquer contradição entre os resultados obtidos no presente trabalho e os relatados anteriormente [17], onde se postula que a falta de conteúdo de fase mineral leva a uma menor nanodureza do nanocompósito de esmalte que já está hipomineralizado.

Por outro lado, os presentes resultados confirmam as opiniões prevalecentes de outros investigadores [4, 17, 18] de que as propriedades mecânicas do nanocompósito de esmalte são uma função fortemente sensível da extensão do conteúdo da fase mineral, isto é, o grau de biomineralização já sofrido pela microestrutura.

É evidente a partir das fotomicrografias SEM apresentadas nas Figs. 4.6a e 4.6b que, para a carga aplicada de 4,9 N, todos os quatro comprimentos de fissura associados à impressão típica de microindentação Vickers não têm necessariamente o mesmo comprimento e orientação semelhante em relação às duas diagonais principais da indentação Vickers perto do início da região média do nanocompósito de esmalte. Esta informação implica que mesmo uma pequena variação microestrutural local pode afetar o comprimento da fenda no nanocompósito de esmalte.

A vista de maior ampliação da fenda (Fig. 4.6b) a partir da parte inferior do microdente confirma que o trajeto da fenda é tortuoso. A fenda sofre muitas deflexões menores antes de ficar presa na zona DEJ. Por outro lado, apenas a impressão da indentação Vickers é visível na região da dentina (Figs. 4.6c, 4.6d) quando a experiência é efectuada com a mesma carga de 4,9 N.

No entanto, a observação mais interessante é que quando a indentação Vickers com a mesma carga de 4,9 N é efectuada a ~10 pm da região DEJ (Fig. 4.6e), os comprimentos de fenda paralelos à zona DEJ são comparativamente muito maiores em comparação com os perpendiculares à zona DEJ. Geralmente, não se observa a propagação de uma fenda a partir do fundo do microdente através da zona DEJ (Fig. 4.6e).

Estas observações sugerem que o comprimento médio da fenda é muito menor perto da zona DEJ do que na região perto do início do nanocompósito de esmalte médio. A própria presença de uma camada microestrutural muito rugosa e áspera nas proximidades, ou seja, a própria zona DEJ (Fig. 4.7), também garante que a fenda não atravessa a zona DEJ. Sugere-se que, como resultado de todas estas contribuições, o K_{IC} aumente para cerca de 1,11 MPa.m$^{0.5}$ numa região na vizinhança imediata (por exemplo, dentro de ~10 pm) da zona DEJ (Fig. 4.8).

Além disso, perto da zona DEJ, a magnitude do fator $(E/H)^{0.5}$ na Equação (4.1) é apenas 1% inferior à do início da região média do nanocompósito do esmalte, enquanto a magnitude do fator $(P.D^{-1.5})$ é ~60% superior perto da zona DEJ em comparação com a do início da região média do nanocompósito do esmalte. Esta informação fornece uma justificação adicional para o facto de a região muito próxima da zona DEJ ser cerca de 40% mais dura do que a região próxima do início da região do nanocompósito do esmalte médio.

As microindentações efectuadas apenas na zona DEJ mostram que as fissuras que tentam propagar-se perpendicularmente através da zona são detidas (Fig. 4.6f), enquanto as fissuras paralelas à interface se propagam paralelamente à própria zona DEJ. Esta evidência confirma que a zona DEJ possui um K_{IC} mais elevado. Isto aconteceu porque a microestrutura da zona DEJ é muito rugosa, como é evidente na fotomicrografia FESEM (Fig. 4.7). Assim, pode concluir-se a partir dos presentes dados experimentais que a região muito próxima da zona DEJ tem um CCI muito superior ao da porção próxima do início da região média do nanocompósito de esmalte.

Verificou-se que o nanocompósito de esmalte tem uma CCI média de 0,88 MPa.m$^{0.5}$. É sabido que o nanocompósito de esmalte é um nanocompósito híbrido da escala microscópica para a escala nanométrica com uma arquitetura hierárquica [19-21]. Como mencionado anteriormente, a nível microscópico, consiste em microprismas de hidroxiapatite alinhados rodeados por uma bainha orgânica que desempenha o papel de uma matriz proteica.

Ao nível da nanoescala, cada prisma contém numerosos bastões de nanocristais de HAP separados por uma camada orgânica de espessura nanométrica. Os cristais HAP em forma de bastão estão orientados ao longo do eixo do prisma. Em resposta à carga aplicada, a matriz proteica cisalha-se para acomodar a tensão devida à deformação imposta e transfere a carga entre os componentes minerais adjacentes. Este carregamento repetitivo, a transferência de carga seguida do processo de carregamento subsequente pode dar origem ao efeito pop-in observado (Fig. 4.2) no nanocompósito de esmalte durante as presentes experiências de nanoindentação.

Os outros dois factores que podem contribuir para este cenário são (a) a extensão da partilha local da tensão total entre a matriz proteica e as barras de HAP nanocristalinas no âmbito do modelo tensão-corrente de cisalhamento (TSC) [22] e (b) o processo de estiramento de biomoléculas individuais na matriz bioproteica. É bastante provável que cada biomolécula individual contribua de forma aditiva localmente para o estiramento completo da camada da matriz proteica.

Utilizando a abordagem micromecânica, é possível prever a rigidez de um compósito. A maioria dos modelos micromecânicos deriva da necessidade de prever as propriedades elásticas. No entanto, outros investigadores já estabeleceram a ligação entre os valores de dureza efectiva de um compósito Ag-Ni reforçado com partículas e os valores de dureza dos seus componentes constituintes, utilizando a abordagem da "Regra das Misturas" [23].

No presente trabalho, esta abordagem é utilizada para prever o $_{KIC}$ do nanocompósito de esmalte. Para efetuar esta previsão, teve de ser feita uma estimativa *ad-hoc* do $_{Km}$ da matriz bioproteica presente no nanocompósito de esmalte. Finalmente, os dados previstos são comparados com os dados de tenacidade medidos experimentalmente.

O modelo de Voigt [14] é utilizado aqui para prever a resistência à fratura longitudinal ($_{K1}$). Ao aplicar o modelo de Voigt [14], assume-se implicitamente que a quantidade total de tensão suportada pelas barras de HAP nanocristalinas de reforço é quase igual à sofrida pela fase de matriz bioproteica. Assim, ($_{K1}$) é dado por [14]:

$$K_1 = (V_h K_h + V_m K_m) \tag{4.2}$$

Da mesma forma, o modelo de Reuss prevê a resistência à fratura transversal ($_{K2}$). Ao aplicar o modelo de Reuss [13], assume-se implicitamente que a quantidade total de tensão suportada pelas barras de HAP nanocristalinas de reforço é quase igual à sofrida pela fase da matriz bioproteica. Assim, ($_{K2}$) é dado por [13]:

$$K_2 = K_h K_m / (K_h V_m + K_m V_h) \tag{4.3}$$

Nas equações (2) e (3), Kh e $_{Km}$ são os valores de resistência à fratura dos varões nanocristalinos de HAP de reforço e da matriz bioproteica e $_{Vh}$ e $_{Vm}$ são as fracções de volume dos varões nanocristalinos de HAP de reforço e da matriz biopolimérica.

Além disso, a previsão da $_{CCI}$ também é efectuada utilizando o "Modelo de Contiguidade" [16]. Neste modelo, uma situação em que as barras nanocristalinas de HAP podem ou não tocar umas nas outras é resolvida pelo fator 'C' que denota o grau de contiguidade.

Por exemplo, C=0 corresponde a uma situação em que os varões nanocristalinos de PAH de reforço estão isolados e não se tocam de todo. Da mesma forma, C=1 corresponde a uma situação em que os varões nanocristalinos de PAH de reforço estão todos em perfeito contacto uns com os outros. Assim, a resistência à fratura ($_{K2}$) transversal à
direção da orientação das barras nanocristalinas de HAP, é dada por [16]:

$$K_2 = 2\left[1 - \nu_h + (\nu_h - \nu_m)V_m\right]\left[(1-C)\frac{B_h(2B_m + G_m) - G_m(B_h - B_m)V_m}{(2B_m + G_m) + 2(B_h - B_m)V_m} + C\frac{B_h(2B_m + G_h) + G_h(B_m - B_h)V_m}{(2B_m + G_h) - 2(B_m - B_h)V_m} \right] \tag{4.4}$$

onde,

$$B_h = E_h/2(1-\nu_h) \tag{4.5a}$$

$$B_m = E_m/2(1-\nu_m) \tag{4.5b}$$

$$G_h = E_h/2(1+\nu_h) \tag{4.5c}$$

$$G_m = E_m/2(1+\nu_m) \tag{4.5d}$$

Aqui, C situa-se entre 0 e 1. Além disso, as quantidades E_h, B_h, G_h e ν_h representam, respetivamente, o módulo de Young, o módulo de massa, o módulo de cisalhamento e o rácio de Poisson das barras de HAP nanocristalinas de reforço. Do mesmo modo, E_m, B_m, G_m e ν_m representam, respetivamente, o módulo de Young, o módulo de massa, o módulo de corte e o coeficiente de Poisson da matriz bioproteica no nanocompósito de esmalte. Os valores de ν_h e vm são considerados, respetivamente, 0,27 e 0,38 da literatura [24, 25].

Do mesmo modo, os valores da resistência à fratura (K_1) numa direção paralela à direção de orientação dos varões nanocristalinos de HAP são dados pela "regra modificada das misturas", conforme [16]:

$$K_1 = k(V_h K_h + V_m K_m) \tag{4.6}$$

onde, k $(0.9 < k < 1)$ representa o grau de desalinhamento das barras nanocristalinas de HAP de reforço.

A base da abordagem da "propriedade efectiva" acima mencionada está incorporada no facto de o esmalte dentário humano ser um nanocompósito híbrido que inclui os prismas de esmalte numa matriz proteica extracelular de amelogenina contendo flúor. Os próprios prismas são constituídos por varetas nanocristalinas de HAP (diâmetro ~33-65 nm, comprimento ~100-1000 nm) orientadas ao longo do eixo c [26]. O nanocompósito do esmalte humano maduro é constituído por mais de 95% p/p da fase mineral, 4-5% p/p de água e menos de 1% de matéria orgânica [27].

Os dados experimentais de K_{IC} do nanocompósito apresentam uma gradação, por exemplo, variam entre 1,11±0,30 e 0,80±0,10 MPa.m$^{0.5}$ (com um valor médio de cerca de 0,88±0,20 MPa.m$^{0.5}$) à medida que nos deslocamos de ~10 pm da zona DEJ até uma distância de 300 pm da zona DEJ. Sugere-se que a queda nos valores de K_{IC} do nanocompósito de esmalte (Fig. 4.8), à medida que nos deslocamos de ~10 pm da zona DEJ até uma distância de ~300 pm da zona DEJ, pode estar relacionada com a transição suave localizada de um alinhamento tridimensional dos bastões nanocristalinos de HAP para outro [28]. Estas transições microestruturais e arquitecturais localizadas são caraterísticas dos biomateriais hierárquicos naturais [28].

Para os três valores de ν_h, isto é, 0,92, 0,95 e 0,98, os valores de K_{IC} são previstos como 1,12, 0,88 e 0,64 MPa.m$^{0.5}$ (Fig. 4.9a) a partir do Modelo Voigt [14]. Assim, a tenacidade média prevista é de 0,88±0,20 MPa.m$^{0.5}$ para ν_h ~0,92 a 0,95.

No entanto, para os mesmos valores de ν_h, os valores previstos de tenacidade são 0,52, 0,50 e 0,49 MPa.m$^{0.5}$ (Fig. 4.9a) a partir do modelo de Reuss [13]. Assim, a tenacidade média prevista é de 0,50±0,01 MPa.m$^{0.5}$ para v_h ~0,92 a 0,95.

De acordo com ambos os modelos, para prever o cci experimental médio do nanocompósito de esmalte, a resistência à fratura da matriz proteica (K_m) deve ser considerada como ~8,5 MPa.m$^{0.5}$. Na ausência de dados experimentais exactos sobre o K_m do nanocompósito de esmalte dentário humano, pode apenas mencionar-se que os dados experimentais sobre o cci da queratina da bainha do corno do bovino são referidos [29] como sendo da mesma ordem que os assumidos aqui, por exemplo ~ 3,9 MPa.m .$^{0.5}$

Pode ser visto a partir dos dados da Fig. 4.9a que o modelo de Voigt [14] deu uma previsão razoavelmente próxima dos dados experimentais, enquanto o modelo de Reuss [13] subestima absolutamente (Fig. 4.9a) os dados experimentais do cci. Outros investigadores chegaram a uma conclusão semelhante [30] ao tentarem prever o módulo de Young da matriz proteica utilizando os modelos de Reuss [13] e Voigt [14].

Utilizando a abordagem de contiguidade [16] e assumindo o K_m como ~8,5 MPa.m$^{0.5}$ com k = 0,95, os valores de resistência à fratura longitudinal (K_1) do nanocompósito de esmalte são previstos como ~1,14, 0,88 e 0,62 MPa.m$^{0.5}$ (Fig. 4.9b) para os três valores de v_h, ou seja, 0,92, 0,95 e 0,98, respetivamente. Assim, neste caso também a tenacidade média prevista é de 0,88±0,30 MPa.m$^{0.5}$ para v_h ~0,92 a 0,95. Por outras palavras, os dados médios previstos coincidem perfeitamente com os dados experimentais de K_{IC}.

No entanto, no caso de carregamento perpendicular à orientação das barras nanocristalinas de HAP, assumindo o K_m como ~8,5 MPa.m$^{0.5}$ para C = 0 (ou seja, sem contacto entre as barras nanocristalinas de HAP) e v_h = 0.92, 0,95 e 0,98, os valores de resistência à fratura transversal (K_2) são previstos como ~0,65, 0,59 e 0,52 MPa.m$^{0.5}$. Assim, a resistência média prevista é de 0,59±0,10 MPa.m$^{0.5}$ para v_h ~0,92 a 0,95.

Do mesmo modo, para C = 1 (isto é, contacto total ao longo do comprimento das barras nanocristalinas HAP) e v_h = 0,92, 0,95 e 0,98, os valores K_{IC} previstos são ~0,53, 0,51 e 0,49 MPa.m$^{0.5}$ respetivamente (Fig. 4.9b). Assim, a tenacidade média prevista é de 0,51±0,02 MPa.m$^{0.5}$ para v_h ~0,92 a 0,95. Ambos os valores (0,59 ± 0,1 e 0,51 ± 0,02 MPa.m$^{0.5}$) são inaceitavelmente baixos em relação aos dados experimentais actuais sobre a cci do nanocompósito de esmalte. Por conseguinte, revelam a limitação fundamental da abordagem de contiguidade no que respeita à previsão da CCI.

Além disso, utilizando os dados experimentais médios de 0,88 MPa.m$^{0.5}$ para K_{IC}; o trabalho de fratura (y) para o nanocompósito de esmalte é calculado utilizando a seguinte Equação (4.7):

$$\gamma = [(K_{IC})^2(1 - v_e^2)]/2E \tag{4.7}$$

onde v_e é o coeficiente de Poisson (~0,28) do nanocompósito de esmalte [31] e os outros termos já foram explicados.

Assim, o trabalho de fratura $^{(\gamma)}$ é estimado em ~7 J.m^{-2} que é semelhante à ordem dos dados (~13 J.m^{-2}) relatados na literatura [28]. Esta informação sugere que o valor experimental médio de 0,88 MPa.m$^{0.5}$ para a cci do nanocompósito de esmalte é razoável.

4.3 Conclusões

As principais conclusões do presente trabalho são as seguintes:

(a) Tanto quanto é do nosso conhecimento, relatamos aqui, possivelmente pela primeira vez, uma avaliação simultânea da nano-dureza (H), do módulo de Young (E) e da cci na vizinhança da zona DEJ para um dente pré-molar indiano adulto. Tanto a nanodureza (H) como o módulo de Young (E) são avaliados pela técnica de nanoindentação utilizando um indentador Berkovich a uma carga de 100 mN, enquanto a cci da região nanocompósita do esmalte médio para o interior, estendendo-se até ~10 pm da zona DEJ, é avaliada pela técnica de microindentação com um indentador Vicker a uma carga de 4,9 N.

(b) Dependendo da localização, a nano-dureza média (H), por exemplo, 2-4 GPa e os módulos de Young (E), por exemplo, 50-70 GPa da região nanocompósita do esmalte são muito mais elevados do que aqueles (por exemplo, H < 1 GPa, E < 25 GPa) da região da dentina. A cci é baixa a ~0,80 MPa.m$^{0.5}$ no início da região nanocompósita do esmalte médio, mas aumenta ~40% para ~1,11 MPa.m^{,05} dentro de ~10 pm da zona DEJ.

(c) A previsão dos dados de CCI é efectuada utilizando o modelo de Voigt, o modelo de Reuss e a abordagem de contiguidade. Seguindo o modelo de Voigt e assumindo que a tenacidade à fratura para a fase da matriz bioproteica (K_m) é de ~8,5 MPa.m$^{0.5}$, os dados previstos correspondem bem aos dados experimentais médios, porque a tensão na fase de varetas de HAP nanocristalino de reforço é quase igual à da fase da matriz bioproteica. No entanto, no caso de carregamento perpendicular à orientação das barras nanocristalinas de HAP, tanto o modelo de Reuss como o modelo de contiguidade, com ou sem contacto físico entre as barras nanocristalinas de HAP, não prevêem os dados experimentais. No entanto, a regra da mistura modificada com um fator de desalinhamento (k) ~0,95 para as barras de HAP nanocristalinas reforçadas também prevê os dados de CCI com uma precisão razoável.

Referências

[1] Y. L. Chan, A. H. W. Ngan e N. M. King, "Nano-scale structure and mechanical properties of the human dentin-enamel junction," Journal of the Mechanical Behavior of Biomedical Materials 2011, 4, 785-795.

[2] H. H. K. Xu, D. T. Smith, S. Jahanmir, E. Romberg, J. R. Kelly, V. P. Thompson e E. D. Rekow, "Indentation damage and mechanical properties of human enamel and dentin," Journal of Dental Research 1998, 77, 472-480.

[3] H. Fong, M. Sarikiya, S. N. White e M. L. Snead, "Nano mechanical properties profiles across dentin enamel junction of human incisor teeth", Material Science and Engineering C 2000, 7,119-128.

[4] L. H. He e M. V. Swain, "Enamel-A functionally graded natural coating," Journal of Dentistry 2009, 37, 596-603.

[5] G. R. Anstis, P. Chantikul, B. R. Lawn e D. B. Marshall, "A Critical Evaluation of Indentation Techniques for Measuring Fracture Toughness: I, Diret Crack Measurements," Journal of the American Ceramic Society 1981, 64, 533538.

[6] R. Hassan, A. A. Caputo e R. F. Bunshah, "Fracture toughness of human enamel," Journal of Dental Research 1981, 60, 820-827.

[7] H. H. K. Xu, D. T. Smith, S. Jahanmir, E. Romberg, J. R. Kelly, V. P. Thompson e E. D. Rekow, "Indentation damage and mechanical properties of human enamel and dentin," Journal of Dental Research, 1998, 77, 472-480.

[8] S. N. White, W. Luo, M. L. Paine, H. Fong, M. Sarikiya e M. L. Snead, "Biological organization of hydroxyapatite crystallites into a fibrous continuum toughens and controls anisotropy in human enamel," Journal of Dental Research 2001, 80, 321-326.

[9] S. Park, J. B. Quinn, E. Romberg e D. Arola, "On the brittleness of enamel of enamel and selected dental materials", Dental Materials, 2008, 24, 1477-1485.

[10] D. Bajaj, A. Nazari, N. Eidelman e D. Arola, "A comparison of fatigue crack growth in human enamel and hydroxyapatite," Biomaterials 2008, 29, 48474854.

[11] D. Bajaj e D. Arola, "Role of prism decussation on fatigue crack growth and fracture of human enamel," Ata Biomaterialia 2009, 5, 3045-3056.

[12] S. K. Padmanabhan, A. Balakrishnan, M. C. Chu, T. N. Kim e S. J. Cho, "Microindentation fracture behavior of human enamel," Dental Materials 2010, 26, 100-104.

[13] A. Reuss e Z. Angew, "Berechnung der Flie?grenze von Mischkristallen auf Grund der Plastizit tsbedingung fur Einkristalle," ZAMM- Journal of Applied Mathematics and Mechanics 1929, 9, 49-58.

[14] W. Voigt, "Uber die Beziehung zwischen den beiden Elastizitatskonstanten isotroper Korper," Philosophical Transactions 1889, 38, 573-587.

[15] R. Hill, "The Elastic Behaviour of a Crystalline Aggregate," Proceedings of the Physical Society of London A 1952, 65, 349-354.

[16] S.W. Tsai, "Structural behavior of composites materials," NSA-CR-71, julho de 1964.

[17] Z. H. Xie, E. K. Mahoney, N. M. Kilpatrick, M. V. Swain e M. Hoffman, "On the structure property relationship of sound and hypomineralized enamel," Ata Biomaterialia 2007, 3, 865-872.

[18] R. Rohanizadeh, F. S. M. Ismail, N. M. Kilpatrick, M. V. Swain, E. K. Mahoney, "Mechanical properties and microstructure of hypomineralised enamel of permanent teeth," Biomaterials, vol. 25, n.º 20, pp. 5091-5100, 2004.

[19] F. Lippert, D. M. Parker, K. D. Jandt, "Susceptibility of deciduous and permanent enamel to dietary acid-induced erosion studied with atomic force microscopy nanoindentation," European Journal of Ceramic Society, vol. 112, no. 1, pp. 61-66, 2004.

[20] J. Ge, F. Z. Cuy, X. M. Wang, H. L. Feng, "Property variations in the prism and the organic sheath within enamel by nanoindentation," Biomaterials, vol. 26, no. 16, pp. 3333-3339, 2005.

[21] L. Angker, M. V. Swain, N. Kilpatrick, "Micro-mechanical characterisation of the properties of primary tooth dentin," Journal of Dental Research, vol. 31, no. 4, pp. 261-267, 2003.

[22] H. Gao, B. Ji, I. L. Jaeger, E. Arzt, P. Fratzl, "Materials Become Insensitive to Flaws at Nanoscale: Lessons from Nature," Proceedings of the National Academy of Sciences, vol. 100, no. 10, pp. 5597-5600, 2003.

[23] H.S. Kim, "On the rule of mixtures for the hardness of particle reinforced composites," Material Science and Engineering A, vol. 289, no. 1-2, pp. 30-33, 2000.

[24] J.B. Park, R.S. Lakes, "Biomaterials: An introduction, in Ceramic implant materials," 1979 Plenum Press, New York, 1992, Pg 125.

[25] A. Franck, G. Cocquyt, P. Simoens, N. D. Belie, "Biomechanical Properties of Bovine Claw Horn," Biosystems Engineering, vol. 93, no. 4, pp. 459-467, 2006.

[26] C. Robinson, J. Kirkham, R.C. Shore, "Dental Enamel Formation to Destruction", CRC Press, Boca Raton, FL, 1995.

[27] Y. Fan, Z. Sun, R. Wang, C. Abott, J. Moradian-Oldak, "Enamel inspired nanocomposite fabrication through amelogenin supramolecular assembly," Biomaterials, vol. 28, no. 19, pp. 3034-3042, 2007.

[28] J. McKittrick, P. Y. Chen, L. Tombolato, E. E. Novitskaya, M. W. Trim, G. A. Hirata, E. A. Olevsky, M. F. Horstemeyer, M. A. Meyers, "Energy absorbent natural materials and bioinspired design strategies: A review," Material Science and Engineering C, vol. 30, pp. 331-342, 2010.

[29] B. W. Li, H. P. Zhao, X. Q. Feng, W. W. Guo, S. C. Shan, "Experimental study on the mechanical properties of the horn sheaths from cattle," Journal of Experimental Biology, vol. 213, pp. 479-486, 2009.

[30] J. Zhou, L. L. Hsiung, "Biomolecular origin of the rate-dependent deformation of prismatic enamel," Applied Physics Letters, vol. 89, pp. 051904(1)- 051904(3), 2006.

[31] S. F. Ang, T. Scholz, A. Klocke, G. A. Schneider, "Determination of the Elastic/Plastic Transition of Human Enamel by Nanoindentation," Dental Materials, vol. 25, n.º 11, pp. 1403-

1410, 2009.

> *Os resultados apresentados neste capítulo mostram a avaliação simultânea das propriedades nanomecânicas das regiões do esmalte e da dentina. Mas as diferentes respostas do nanocompósito de esmalte da região interior para a exterior e a sua interpretação são a motivação básica do próximo capítulo, ou seja, o Capítulo 5.*

discute o efeito da orientação microestrutural das barras de esmalte na determinação das propriedades nanomecânicas.

5.1 Introdução

Como discutido no capítulo anterior, observa-se que a propriedade mecânica tem uma gradação à medida que viajamos da dentina interna para o esmalte externo. O tecido dentinário é muito mais macio do que o esmalte, proporcionando assim um efeito de amortecimento à camada dura exterior e ajudando na gestão adequada da dissipação de energia. A camada dura exterior enfrenta inicialmente as forças externas e prova ser extremamente eficiente na sua função, por um lado, e na manutenção da sua estrutura contra falhas catastróficas, por outro. A junção dentina-esmalte (JDE) também desempenha um papel importante ao proporcionar uma boa adesão entre dois tecidos diferentes, ou seja, a dentina e o esmalte. Este capítulo centra-se principalmente na parte dura exterior e tenta visualizar a zona em maior ampliação em termos da microestrutura e da sua orientação para a extensão da biomineralização, ajudando assim a compreender o processo de gestão da energia.

5.2 Efeito da orientação na nano-dureza do esmalte humano

Os gráficos carga-profundidade (P-h) obtidos a partir de experiências de nanoindentação em diferentes regiões do esmalte (interior, médio e exterior) são apresentados na Fig. 5.1. Como mencionado anteriormente, foi mantida uma carga máxima de 100 mN e um tempo de carregamento de 30 segundos em todas as experiências. A profundidade final de penetração (h_f) do esmalte interior (E_i), muito próximo da junção dentina-esmalte (DEJ), é ligeiramente mais elevada, com ~ 0,77 |im, do que a do esmalte exterior (E_o), ou seja, longe da DEJ, com ~ 0,64 |im. Além disso, a inclinação da curva de carga do gráfico P-h de E_o é mais rígida do que a do gráfico P-h de E_i.

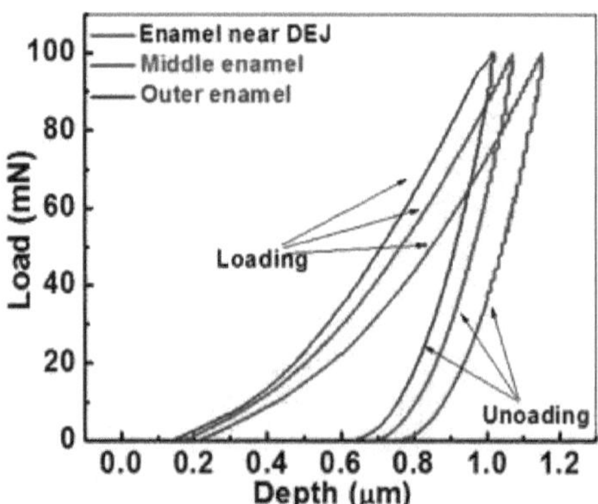

Fig. 5.1 : *Gráficos carga-profundidade (P-h) obtidos a partir de experiências de nanoindentação efectuadas em diferentes regiões (e.g., exterior, média e interior) do esmalte.* As fotomicrografias de microscopia eletrónica de varrimento (SEM) da matriz de linhas de nanoindentação em diferentes locais do esmalte são apresentadas na Fig. 5.2 para diferentes zonas, por exemplo, interior, média e exterior.

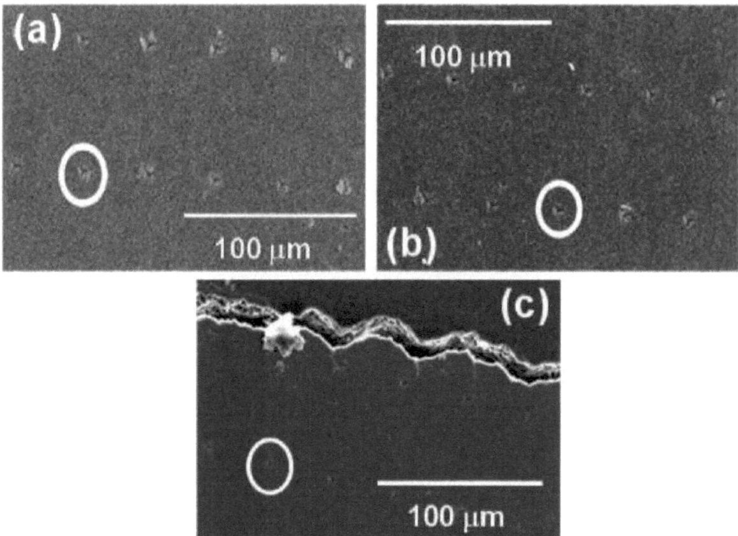

Fig. 5.2 : *Fotomicrografias SEM do conjunto de linhas de nanoindentações em diferentes locais: (a) exterior (o), (b) médio (m) e (c) interior do esmalte (i).*
As imagens de maior ampliação dos nano-entalhes assinalados por círculos brancos na Fig. 5.2
são apresentados na Fig. 5.3 para as zonas correspondentes.

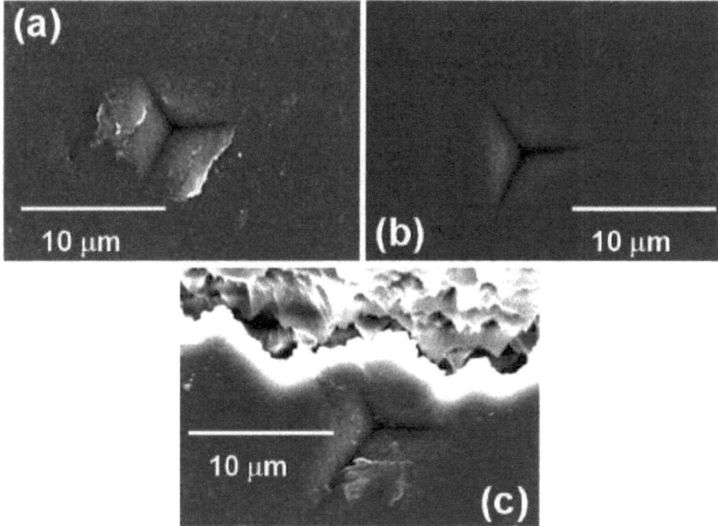

Fig. 5.3: *Fotomicrografias SEM em (a) esmalte exterior, (b) médio e (c) interior mostrando detalhes das impressões de indentação tiradas em grande ampliação marcadas na Fig. 5.2.*

A nanoindentação na zona Eo mostra micro rupturas à volta da cavidade de nanoindentação (Fig. 5.3a). Em contraste, a nano-entalagem na zona Em mostra uma impressão residual relativamente mais suave (Fig. 5.3b). Para além disso, a forma da nanoindentação na zona Ei, perto do DEJ, é um pouco distorcida (Fig. 5.3c). É interessante observar que, à medida que nos deslocamos da zona interior para a zona exterior do esmalte, o nano-indent na região interior é relativamente maior em comparação com as regiões média e exterior. Isto implica que a zona interior é relativamente menos rígida e, por conseguinte, plasticamente mais deformada do que as outras e muito mais resistente do que a região média e exterior do esmalte.

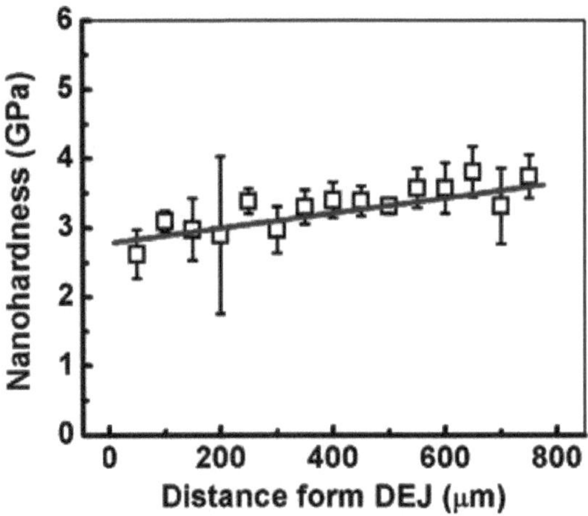

Fig. 5.4: *Variações da nano-dureza em função da distância a partir da zona DEJ até à extremidade exterior do esmalte.*

Os dados de nanodureza em função da distância entre a zona DEJ e a zona exterior do esmalte são apresentados na Fig. 5.4. Os valores de nanodureza aumentam consistentemente à medida que a distância é percorrida desde a zona próxima da zona DEJ até à zona exterior do esmalte. A nano-dureza do esmalte próximo da zona DEJ (~5 pm) é de ~2,62 GPa, enquanto que a distância (~800 pm) da zona DEJ é de ~3,74 GPa.

Dentro destes 800 pm, existe um aumento aproximado de 43% no valor de nanodureza do nanocompósito de esmalte. Isto dá-nos uma indicação de que o esmalte exterior é muito mais duro e elasticamente mais recuperável em comparação com a zona interior do esmalte. O aumento da dureza do DEJ para o esmalte exterior também foi registado em estudos anteriores com as técnicas de Vickers [1], Knoop [2], micro [3] e nanoindentação [4-6]. Os dados de nano-dureza medidos experimentalmente por nós são comparáveis aos dados relatados em várias literaturas [4, 7-14].

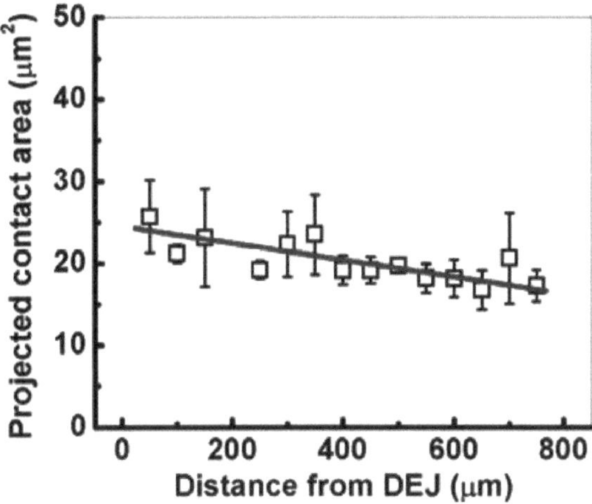

Fig. 5.5: *Variação da área de contacto projectada em função da distância a partir da zona DEJ até à extremidade externa do esmalte.*

A área de contacto projectada da nanoindentação (Fig. 5.5) diminui quase linearmente à medida que a distância aumenta da zona DEJ até à extremidade exterior do esmalte.

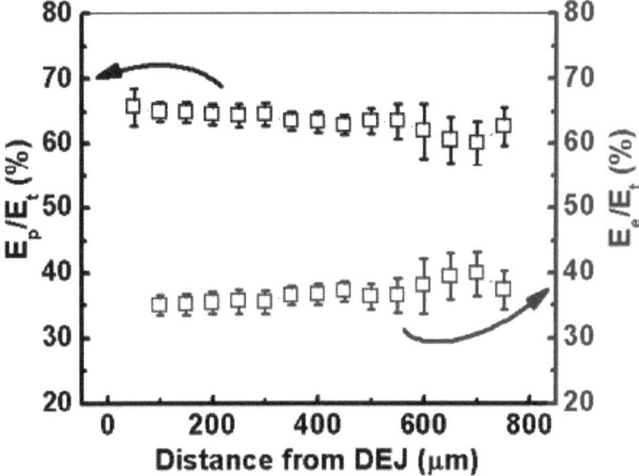

Fig. 5.6*: Variações no rácio de energia plástica e energia total correspondente ao rácio de energia elástica e energia total (Ee/Et) em função da distância a partir da zona DEJ até à extremidade externa do esmalte.*

Além disso, os dados apresentados na Fig. 5.6 mostram as variações no rácio percentual de energia plástica e energia total (Ep/Et) e o rácio correspondente de energia elástica e energia total (Ee/Et) em função da distância da zona DEJ à extremidade do esmalte. O valor de Ep/Et diminuiu da zona DEJ para a extremidade do esmalte, como esperado. As variações na área de contacto projectada (Fig. 5.5) e Ep/Et (i.e., vice-versa para Ee/Et), Fig. 5.6 em função da distância da zona DEJ à extremidade do esmalte corroboram a tendência crescente da nano-dureza (Fig.

5.4).

Quanto menor for a quantidade de energia gasta na deformação plástica, menor será a profundidade final de penetração e, consequentemente, a área de contacto projectada. Por outras palavras, a quantidade de recuperação elástica aumenta gradualmente a partir da zona DEJ até à extremidade do esmalte, tal como se reflecte na tendência dos dados E_e/E_t obtidos no presente trabalho.

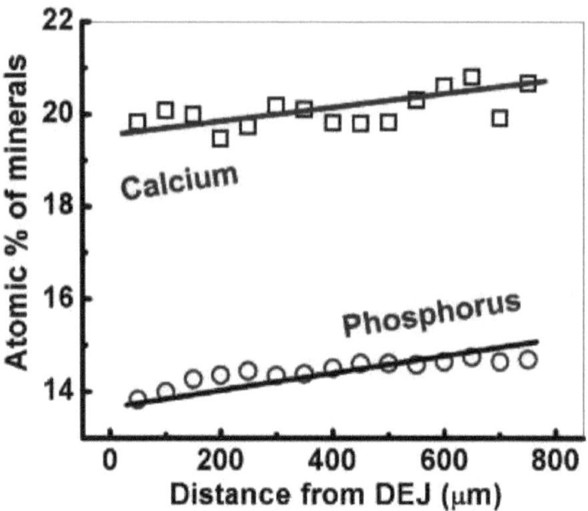

Fig. 5.7 : *Variações na percentagem atómica de Ca e P em função da distância a partir da zona DEJ até à extremidade externa do esmalte.*

Além disso, as percentagens atómicas de cálcio (Ca) e fósforo (P) como
obtidos a partir de dados EDX são apresentados na Fig. 5.7 em função da distância a partir da zona DEJ até à extremidade do esmalte. Pode notar-se que as percentagens de Ca e P aumentam ligeiramente em 4% e 6,5%, respetivamente, da zona DEJ até à extremidade do esmalte. Esta observação está em sintonia com observações anteriores [4, 6, 17] de que existe um gradiente de concentração mineral crescente desde a zona DEJ até à superfície externa do esmalte.
Os dados apresentados na Fig. 5.7 apoiam o ponto de vista (Fig. 5.4) de que quanto maior for a concentração de minerais, maior será o aumento relativo da nanodureza. Mas a situação exacta pode não ser tão simples e direta. Existem dois pontos de vista predominantes na literatura [16, 17].
De facto, Frank et al. [16] argumentam que a tendência crescente de dureza da camada exterior do esmalte pode não estar simplesmente relacionada com um aumento do teor de cálcio e/ou fósforo, mas talvez possa estar ligada a diferenças subtis nas orientações ultra-estruturais dos cristais de apatite. Pelo contrário, os estudos de nanoindentação efectuados por outros investigadores [17] estabeleceram que a orientação microestrutural (por exemplo, perpendicular ou paralela ao DEJ) das varetas de esmalte pode realmente alterar os valores de nano-dureza.
A este respeito, pode referir-se que, no presente trabalho, também as fotomicrografias ópticas (Fig. 5.8), SEM (Fig. 5.9) e SPM (Fig. 5.10) mostram a existência de diferentes orientações das barras de esmalte em diferentes regiões do esmalte. As fotomicrografias ópticas do

esmalte exterior (Eo), do esmalte médio (Em) e do esmalte interior (Ei) são apresentadas respetivamente na Fig. 5.8.

Na zona Eo, a maioria dos prismas ou bastonetes de esmalte parecem ter sido dispostos em forma circular na vista superior (assinalados como 'm' na Fig. 5.8a), alinhados paralelamente à JDE. No entanto, alguns dos prismas de esmalte também estão alinhados quase num ângulo de 45° em relação ao DEJ (assinalado como 'n' na Fig. 5.8a). Em contraste, ambas as zonas Em e Ei também possuem locais onde os prismas de esmalte revelam uma transição suave de um para outro alinhamento tridimensional (por exemplo, Fig. 5.8b e 5.8c).

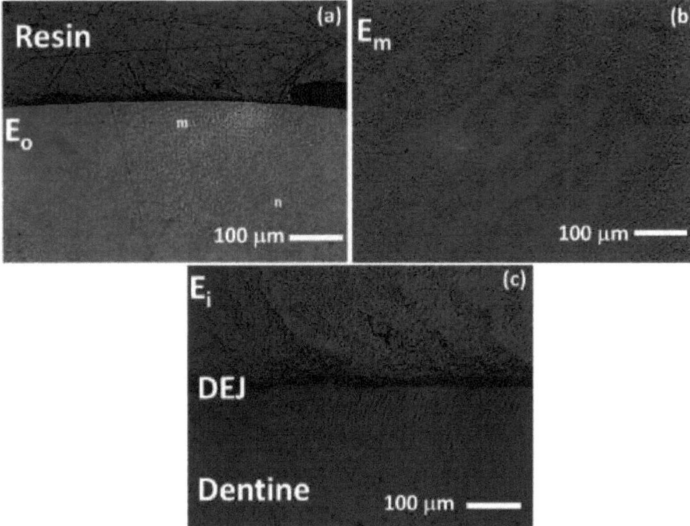

Fig. 5.8: *Fotomicrografias ópticas das diferentes regiões do esmalte: (a) esmalte exterior (marcado como Eo), (b) esmalte médio (marcado como Em) e (c) esmalte interior (marcado como Ei) juntamente com a junção dentina-esmalte (marcada como DEJ).*

Além disso, as fotomicrografias SEM e SPM correspondentes à região do esmalte exterior (Eo) são mostradas nas Figs. 5.9 (a-b) e Figs. 5.10 (a-b), respetivamente. O alinhamento em forma de buraco de fechadura [9, 14] das hastes ou prismas de esmalte é observado nas Fig. 5.9a e Fig. 5.10a na região do esmalte exterior marcada como 'm' na Fig. 5.8a.

Além disso, encontram-se alinhamentos de quase 45° de hastes ou prismas de esmalte em forma de salsicha (Fig. 5.9b e Fig. 5.10b) na região do esmalte exterior marcada como 'n' na Fig. 5.8a. Em contraste, o esmalte médio e o esmalte interior também apresentam uma transição suave de um alinhamento tridimensional para outro e um alinhamento de quase 90° das hastes ou prismas de esmalte, como se mostra na Fig. 5.8c, Fig. 5.9c e Fig. 5.8d, Fig. 5.9d, respetivamente. Além disso, as diferentes possibilidades de orientação das hastes de esmalte são mostradas esquematicamente
na Fig. 5.11.

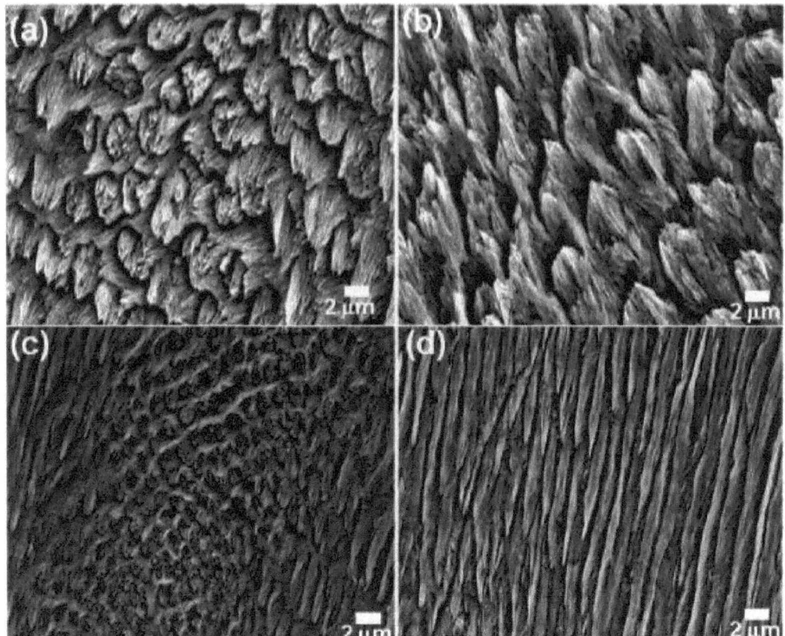

Fig. 5.9: *Fotomicrografias SEM de diferentes regiões do esmalte: (a) esmalte exterior mostrando um alinhamento em forma de buraco de fechadura e (b) em forma de salsicha quase a 45° das hastes ou prismas do esmalte, (c) esmalte médio e (d) esmalte interior mostrando um alinhamento híbrido e longitudinal das hastes ou prismas do esmalte, respetivamente.*

Além disso, os dados da análise de imagem indicam que o comprimento médio do prisma de esmalte em forma de salsicha é de 16,18 ± 4,32 pm, com um comprimento máximo de ~22,57 pm e um mínimo de ~11,84 pm. Do mesmo modo, o diâmetro médio do prisma de esmalte em forma circular é de 6,97 ± 0,59 pm, com um mínimo de ~6 pm e um máximo de ~7,41 pm. As dimensões acima referidas medidas para as hastes de esmalte são comparáveis com os dados registados [2, 3, 9, 14, 18]. As diferentes orientações dos prismas ou bastonetes de esmalte também estão bem documentadas em vários outros estudos [19-21].

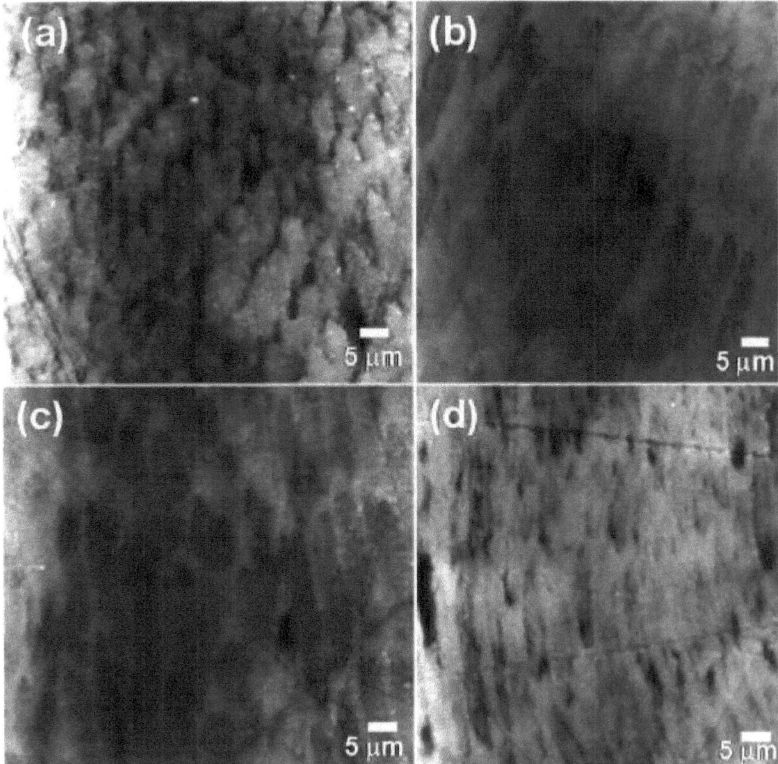

Fig. 5.10: *Fotomicrografias SPM de diferentes regiões do esmalte: (a) esmalte exterior mostrando uma estrutura compacta, (b) hastes de esmalte orientadas num alinhamento de quase 45°. (c) Esmalte médio e (d) esmalte interno mostrando a orientação mista e longitudinal das barras de esmalte, respetivamente.*

Por conseguinte, com base nos resultados do presente estudo, propomos a seguinte imagem simplificada mas unificada (Fig. 5.11) para explicar as variações observadas nas propriedades nanomecânicas. As diferentes orientações dos bastões ou prismas de esmalte ocorrem naturalmente à medida que se percorre a distância de uma região próxima do DEJ até à zona exterior do esmalte. Como resultado, ocorre uma variação dependente da orientação na extensão da biomineralização [13] e, consequentemente, nas composições químicas nas regiões próximas e afastadas da junção DEJ. Isto leva a uma microestrutura funcionalmente graduada desde a região próxima da junção esmalte-dentina até à zona exterior do esmalte [13]. O que isto implica tacitamente é que a região próxima da junção DEJ se torna pobre em cálcio (Ca) e fósforo (P), enquanto a região afastada se torna relativamente mais rica em cálcio (Ca) e fósforo (P) (Fig. 5.7).

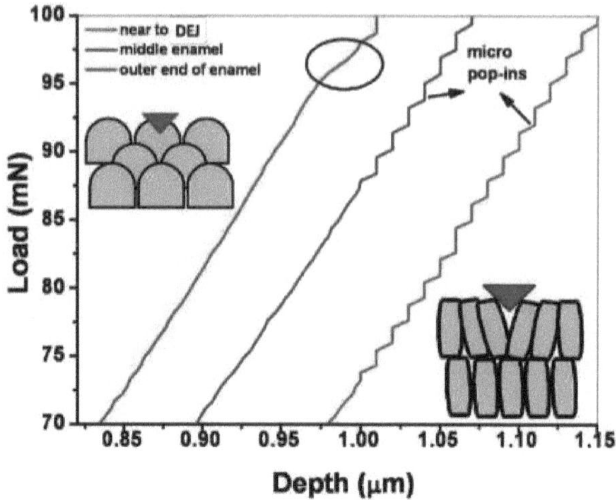

Fig. 5.11: *Uma vista alargada dos gráficos 'P-h' mostrados na Fig. 5.1. As inserções superior e inferior mostram esquematicamente a situação da interação entre o indentador e a microestrutura.*

É uma consequência desta situação inerente que a recuperação elástica é menor na região próxima da junção DEJ, enquanto a recuperação elástica é relativamente maior na região afastada da junção DEJ (Fig. 5.6). É por isso que a nanodureza regista uma magnitude relativamente menor na região próxima da junção DEJ e aumenta com um pequeno gradiente positivo [13] para registar uma magnitude relativamente maior na região afastada da junção DEJ (Fig. 5.4).

Além disso, uma vista alargada dos gráficos P-h (Fig. 5.1) é mostrada na Fig. 5.11. Na zona exterior do esmalte, quase não há registo de eventos de "micro-pop in" no gráfico P-h (Fig. 5.11). No entanto, o número de eventos "micro-pop in" aumenta à medida que se avança em direção à zona DEJ. A ocorrência deste tipo de "micro-pop in" está possivelmente relacionada com a sua microestrutura e orientação das hastes de esmalte. Na zona exterior do esmalte, as hastes de esmalte estão orientadas como escamas de peixe (por exemplo, Fig. 5.9a e Fig. 5.10a) e são mostradas esquematicamente na parte superior da Fig. 5.11.

Em contraste, perto da zona DEJ, as hastes de esmalte são orientadas longitudinalmente (por exemplo, Fig. 5.9d e Fig. 5.10d) e mostradas esquematicamente na parte inferior da Fig. 5.11. Quando o indentador interage com o segundo tipo de situação, pode criar microfissuras durante a indentação que, em última análise, colocam uma assinatura no gráfico P-h (parte inferior da Fig. 5.11).

No entanto, a microestrutura mais compacta na região exterior do esmalte (Fig. 5.9a, Fig. 5.10a e parte inferior da Fig. 5.11) reduz a possibilidade de microfissuração durante a medição da nanoindentação. Por conseguinte, a possibilidade de ocorrência de micro-pop in é quase inexistente no caso do gráfico P-h na região exterior do esmalte (Fig. 5.11).

5.3 Conclusões

No presente trabalho, foram realizadas experiências de nanoindentação na superfície do esmalte de um dente pré-molar extraído. A nano-dureza aumenta constantemente à medida que se percorre a distância de uma região próxima da junção esmalte-dentina até à zona exterior do esmalte.

As observações experimentais são explicadas por uma imagem racional e unificada das variações na nanodureza em termos de uma variação dependente da orientação na extensão da biomineralização à medida que a distância de uma região próxima da junção esmalte-dentina para a zona exterior do esmalte é coberta. Além disso, é apresentada de forma esquemática uma possível interação entre o nanoindentador e a microestrutura do esmalte durante as experiências de nanoindentação.

Referências

[1] S. Roy e B. Basu, "Mechanical and tribological characteriazation of human tooth," Materials Characterizations 59 (2008) 747-756.

[2] N. Meredith, M. Sheriff, D. J. Setchell e S. A. V. Swanson, "Measurement of the microhardness and Young's modulus of human enamel and dentin using an indentation technique," Archive of Oral Biology 41 (1996) 539-545.

[3] J. Zheng, Z. R. Zhou, J. Zhang, H. Li e H. Y. Yu, "On the friction and wear behavior of human enamel and dentin," Wear, 255 (2003) 967-974.

[4] Y. R. Jeng, T. T. Lin, H. M. Hsu, H. J. Chang e D. B. Shieh, "Human enamel rod presents anisotropic nanotribological properties," Journal of Mechanical Behavior of Biomedical Materials, 4 (2011) 515-522.

[5] J. L. Cuy, A. B. Mann, K. J. Livi, M. F. Teaford e T. P. Weighs, "Nanoindentation mapping of the mechanical properties of human molar tooth enamel," Archives of Oral Biology, 47 (2002) 281-291.

[6] T. T. Y. Huang, L. H. He, M. A. Darendeliler e M. V. Swain, "Correlation of mineral density and elastic modulus of natural enamel white spot lesions using X-ray microtomography and nanoindentation," Ata Biomaterialia, 6 (2010) 4553-4559.

[7] Z. J. Cheng, X. M. Wang, J. Ge, J. X. Yan e N. Ji, "Mechanical anisotropy on a longitudinal section of human enamel studied by nanoindentation," Journal of Materials Science: Materials in Medicine, 22 (2010) 1811-1816.

[8] S. Marwan, A. Haik, A. Trinkle, D. Garcia e F. Yang, "Investigation of nanomechanical and tribological properties of dental materials," International Journal of Theoretical and Applied Multiscale Mechanics, 1 (2009) 1-15.

[9] S. F. Ang, E. F. Bortel, M. V. Swain, A. Klocke e G. A. Schneider, "Sizedependent elastic/inelastic behavior of enamel over millimeter and nanometer length scales," Biomaterials, 31 (2010) 1955-1963.

[10] F. Lippert, D. M. Parker e K. D. Jandt, "Susceptibility of deciduous and permanent enamel to dietary acid-induced erosion studied with atomic force microscopy nanoindentation," European Journal of Oral Science, 112 (2004) 61-66.

[11] J. Ge, F. Z. Cui, X. M. Wang e H. M. Feng, "Variações das propriedades do prisma e da bainha orgânica do esmalte por nanoindentação," Biomaterials, 26 (2005) 3333-3339.

[12] S. Habelitz, G. W. Marshall Jr, M. Balooch e S. J. Marshall, "Nanoindentação e armazenamento de dentes", Journal of Biomechanics, 35 (2002) 995-998.

[13] S. Park, D. H. Wang, D. Zhang, E. Romberq e D. Arola, "Mechanical properties of human enamel as a function of age and location in the tooth," Journal of Materials Science: Materials in Medicine, 19 (2008) 2317-2324.

[14] L. H. He e M. V. Swain, "Understanding the mechanical behavior of human enamel from its structural and compositional characteristics," Journal of Mechanical Behavior of Biomedical Materials, 1 (2008) 18-29.

[15] F. S. L. Wong, P. Anderson, H. Fan e G. R. Davis, "Microtomographic study of Mineral concentration Distribution in deciduous enamel," Archives of Oral Biology, 49 (2004) 937-944.

[16] R. M. Frank, M. Capitant e J. Goni, "Electron probe studies of human enamel," Journal of Dental Research, 45 (1966) 672-682.

[17] S. Habelitz, M. Balooch, G. W. Marshall Jr e S. J. Marshall, "The functional width of the dentino-enamel junction determined by AFM based nanoscratching," Journal of Structural Biology, 135 (2001) 294-301.

[18] M. A. Meyers, P. Y. Chen, A.Y. M. Lin e Y. Seki, "Biological materials: Structure and mechanical properties," Progress in Materials Science, 2 (2008) 1-206.

[19] F. Teaford, M. M. Smith e M. W. J Ferguson, "Development, Function and Evolution of Teeth", Reino Unido, Cambridge University Press, 2000, pp. 92-106.

[20] J. Zheng e Z. R. Zhou, "Study of in vitro wear of human tooth enamel," Tribology Letters, 26 (2007) 181-189.

[21] R. Hoffman e L. Gross, "Microstructure of dental enamel. I. Organização e contorno dos prismas," Journal of Dental Research, 46 (1967) 1444-1455.

As diferentes orientações das hastes ou prismas de esmalte ocorrem naturalmente à medida que se percorre a distância de uma região próxima da junção DEJ até à zona exterior do esmalte, o que resulta numa variação dependente da orientação na extensão da biomineralização e, consequentemente, nas composições químicas nas regiões próximas e afastadas da junção DEJ. Mas será interessante saber como é que este tipo de estrutura graduada responde e dissipa a energia externa durante a mastigação sem sofrer uma falha catastrófica. O Capítulo 6 trata do mesmo assunto.

Capítulo 6

Apresenta as avaliações da nano-dureza e do módulo de Young com o aumento da taxa de transferência de energia para o material.

6.1 Introdução

A resposta do nanocompósito de esmalte é altamente sensível ao ângulo em que o nanocristal de HAP experimenta a força aplicada externamente, tal como referido no capítulo anterior. Há uma transição tridimensional da disposição da nanoestrutura e também da microestrutura à medida que se passa da zona interior para a zona exterior do esmalte. Este capítulo centra-se numa questão muito importante que irá lançar alguma luz sobre a gestão da dissipação de energia do esmalte durante vários tipos de movimentos da cavidade oral sem sofrer uma falha catastrófica. Os dentes experimentam uma variedade de cargas em momentos diferentes, enfrentando assim taxas de carga variáveis. Este capítulo aborda em pormenor o efeito da taxa de carga nas propriedades nanomecânicas do esmalte.

6.2 Efeito da taxa de carga no nanocompósito de esmalte

Os dados apresentados na Fig. 6.1 mostram um gráfico típico de carga-profundidade a uma taxa de carga típica de 103 $pN.s^{-1}$. Neste caso, a carga é de 10000 yN e o tempo de carga/descarga é de 10s, o que dá uma taxa de carga de 103 $yN.s^{-1}$. Estes dados são de uma experiência de nanoindentação efectuada numa amostra de nanocompósito de esmalte. Na parte de carga da curva, mostra a resposta quando o indentador penetra basicamente no material e a curva de descarga correspondente mostra a resposta quando o indentador sai da amostra. A curva mostra que o material não é nem totalmente elástico nem totalmente plástico. A amostra recupera alguma quantidade da profundidade máxima que atingiu durante a carga máxima. Ocorreu alguma deformação plástica que se reflecte na área sob a curva de carga-descarga.

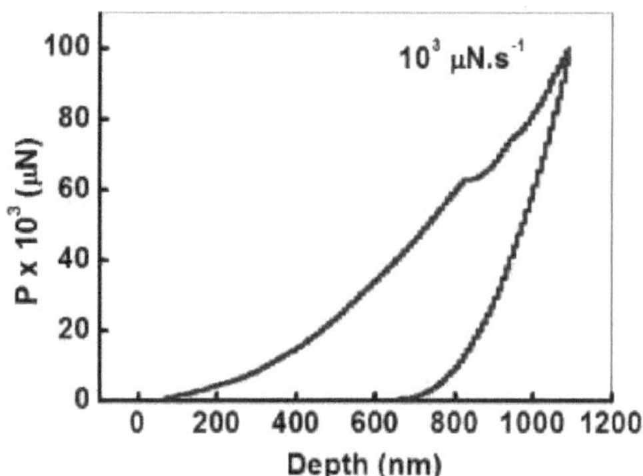

Fig. 6.1 : *Um gráfico típico de carga (P)-profundidade (h) a uma taxa de carga típica de 10*
iiN.s ^{1}

Os dados apresentados na Fig. 6.2 mostram um conjunto de gráficos P-h a três taxas de carga diferentes de
103, 104 e 105 $pN.s^{-1}$. As curvas não são suaves, como se vê na Fig. 6.2, e contêm pequenas caraterísticas semelhantes a degraus.

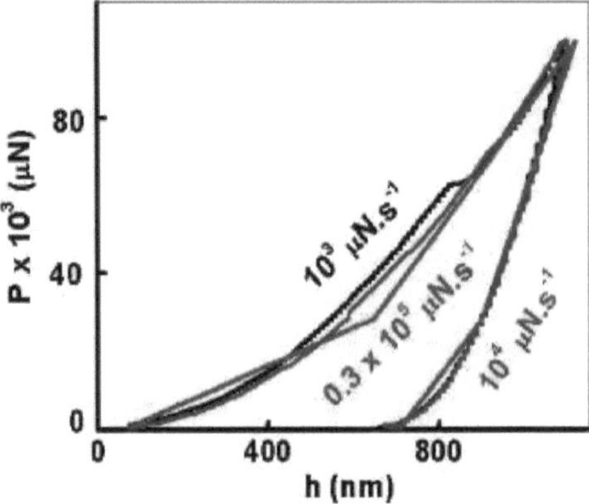

Fig. 6.2: *Gráficos carga-profundidade em três taxas de carga diferentes.*

Verifica-se que o número de passos diminui com o aumento da taxa de carga. A vista explodida das curvas obtidas a 103 e 104 pN.s^{-1} é apresentada na Fig. 6.3. É muito interessante notar que ambas as curvas contêm os solavancos, tal como discutido anteriormente. O número de solavancos é muito maior a uma taxa de carga mais baixa do que a uma taxa de carga mais elevada. A curva com uma taxa de carga mais elevada contém um único solavanco durante a carga (Fig. 6.3) e um número muito menor de solavancos durante a descarga.

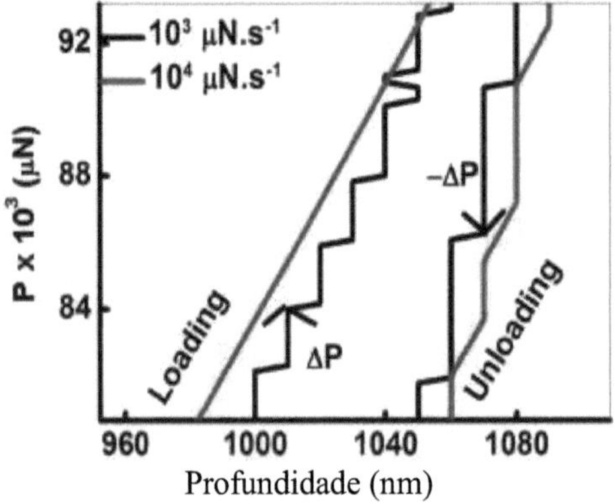

Fig. 6.3: *Vista explodida das curvas de carga e descarga.*

As assinaturas proeminentes da iniciação de eventos de plasticidade à nanoescala durante as experiências de nanoindentação são suportadas pelo grande número de eventos múltiplos de *"micro popin"* e *"micro pop-out"* que ocorreram (Fig. 6.3) durante os ciclos de carga e descarga. Foi observado um comportamento semelhante de "pop-in" em vidros metálicos [1-3], safira [4], GaN [5] e ZnO [6], vidro [7, 8] e alumina policristalina [10, 11]. Os dados apresentados na Fig. 6.4 mostram que o incremento de carga (AP) em que ocorrem dois *eventos* consecutivos *de "micro pop-in" (digamos, 1, 2)* durante o ciclo de carga não é o mesmo que o decréscimo de carga (-AP) em que ocorrem dois *"micro pop-out"* consecutivos *(digamos, 1, 2)* durante o ciclo de descarga.

As explosões de deslocamento positivo e as correspondentes alterações positivas na carga durante o carregamento são conhecidas como incrementos de profundidade (Ah) e incrementos de carga (ΔP), respetivamente (Fig. 6.4). Por conseguinte, na curva de descarga, as alterações de profundidade e de carga são conhecidas como diminuições de profundidade (-Δh) e diminuições de carga (-ΔP), respetivamente.

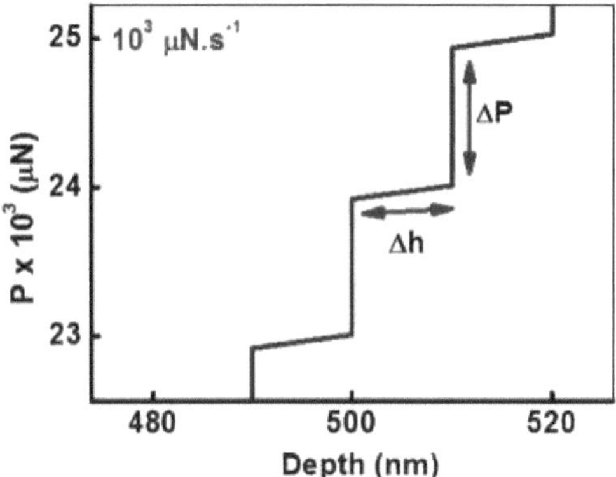

Fig. 6.4: Um gráfico explodido mostrando o incremento de carga e o incremento de profundidade durante o carregamento.

A carga na qual ocorre efetivamente a primeira explosão de deslocamento positivo durante o carregamento da amostra indica a carga crítica (Pc). A profundidade correspondente é conhecida como profundidade crítica (hc), Fig. 6.5. Fisicamente, a carga crítica representa a carga a partir da qual um evento de plasticidade em nanoescala pode ser iniciado. Por outras palavras, significa a resistência de contacto intrínseca da amostra.

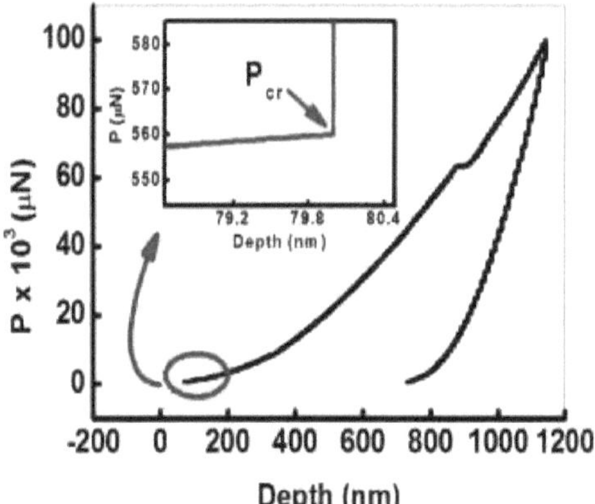

Fig. 6.5: Um gráfico P-h típico mostrando a carga crítica.

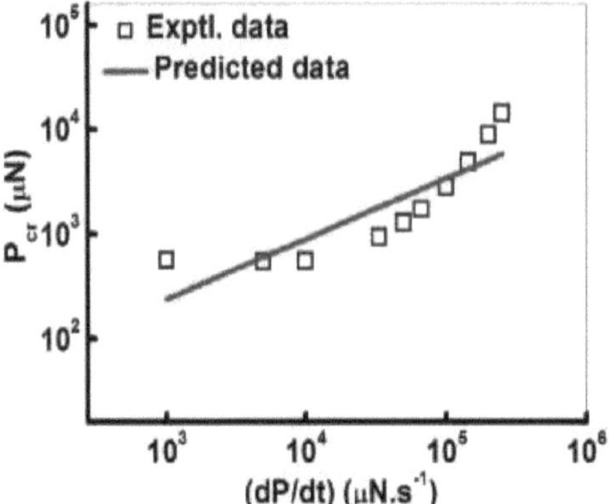

Fig. 6.6: A variação da carga crítica com o aumento da taxa de carga.

Os dados da Fig. 6.6 e da Fig. 6.7 confirmam que tanto Pc como as correspondentes tensões de corte máximas (T_{max} [19-22] ~10-30 GPa) apresentam dependências positivas da lei de potência da taxa de carga.

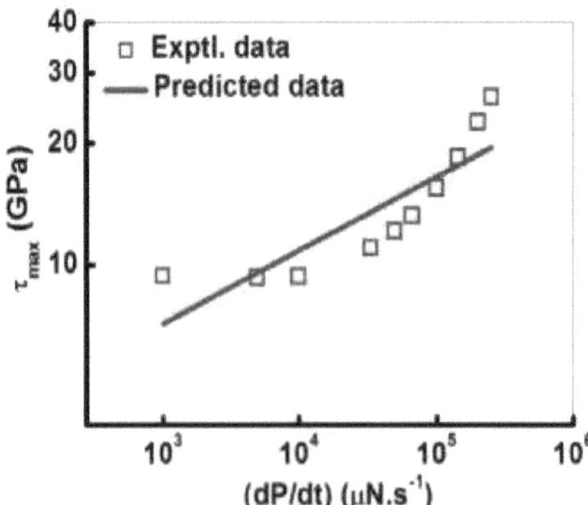

Fig. 6. 7: A variação da tensão de cisalhamento máxima gerada sob o indentador com o aumento da taxa de carga.

A tensão de cisalhamento máxima, T_{max}, gerada logo abaixo da ponta do indentador pode ser prevista com base na carga em que a primeira rutura é observada no gráfico P-h. Os dados adicionais necessários são as propriedades geométricas e elásticas do indentador e da amostra [7]. Nas fases iniciais da deformação, ou seja, em cargas ultrabaixas que induzem deslocamentos de indentação pouco profundos, o raio da ponta, mesmo para a ponta de Berkovich nominalmente afiada (por exemplo, raio da ponta de 150 nm), apresenta uma influência significativa na cinética da deformação. Assim, foi proposto [9] que as tensões locais correspondentes à carga em que a primeira explosão é observada no gráfico P-h podem estar diretamente relacionadas com o início da nucleação de deslocações. A partir da análise hertziana clássica, a tensão de corte máxima (T_{max}) sob um indentador esférico é dada pela seguinte Equação (6.1):

$$\tau_{max} = 0.4459(16P_cE_r^2/9\pi^3R^2)^{1/3} \tag{6.1}$$

Na Equação (6.1), P é a carga, R é o raio da ponta do indentador e Er é o módulo reduzido do sistema indentador/amostra. O termo Er é calculado utilizando a seguinte fórmula (Equação 6.2):

$$E_r = [(1-v_s^2)/E_s+(1-v_i^2)/E_i]^{-1} \tag{6.2}$$

Na Equação (6.2), Er é o módulo reduzido do sistema indentador/amostra e E_s (ou Ei) e v_s (ou vi) são o módulo de Young e o coeficiente de Poisson para a amostra (s) (ou indentador, i), respetivamente. Os valores de Ei e vi utilizados no presente estudo são 1141 GPa e 0,07, respetivamente, da Referência 9.

Estes dados provam, sem margem para dúvidas, que a carga crítica para o início da plasticidade à nanoescala do nanocompósito de esmalte é efetivamente aumentada com o aumento da taxa de carga (dP/dt). Para o nanocompósito de esmalte, a carga crítica significa basicamente a força mínima necessária para ultrapassar a resistência intrínseca contra a deformação induzida por contacto.

Assim, os presentes dados constituem a primeira observação experimental de que a resistência à deformação por contacto intrínseca dos nanocompósitos de esmalte aumenta (Fig. 6.8) com (dP/dt). *Tanto quanto é do nosso conhecimento, esta é a primeira observação deste género.* Este aspeto será discutido em pormenor mais tarde.

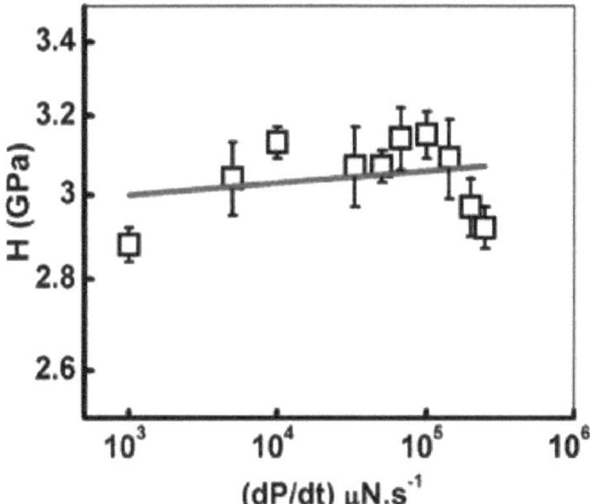

Fig. 6.8: *Variação da nano-dureza do esmalte humano com o aumento da taxa de carga.*

Os dados apresentados na Fig. 6.8 mostram a variação da nano-dureza (H) do nanocompósito do esmalte dentário com o aumento da taxa de carga de 103 para 106 pN.s⁻¹ . Observa-se que com o aumento da taxa de carga de 103 para 106 pN.s⁻¹ a nano-dureza do esmalte dentário aumenta em ~8% (Fig. 6.8). Também é interessante notar que a nano-dureza tem um incremento de lei de potência positivo com o aumento da taxa de carga. Tanto quanto sabemos, esta é a primeira observação experimental de um aumento aparente da nano-dureza do esmalte dentário humano com o aumento da taxa de carga. Os dados actuais sobre a nano-dureza do esmalte comparam-se favoravelmente com os valores relatados [12-18].

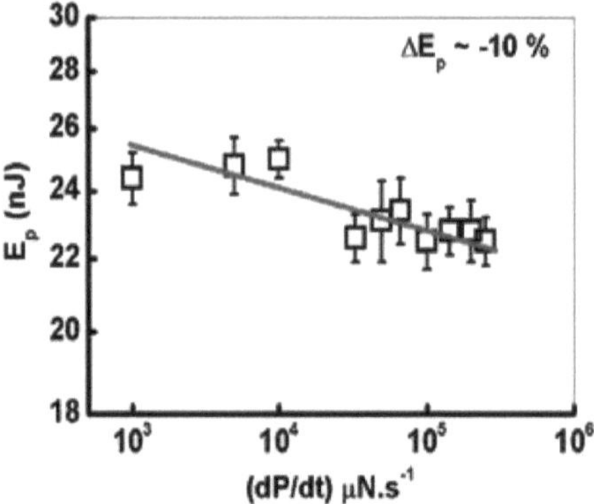

Fig. 6.9: *Variação da energia plástica com o aumento da taxa de carga.*

A quantidade de energia gasta na deformação plástica (E_p) durante o processo de nanoindentação (Fig. 6.9) apoiou a observação do incremento na nanodureza mostrado na Fig. 6.8 e verifica-se que a energia de deformação plástica também tem uma dependência de lei de potência inversa com o aumento da taxa de carga. Os dados relativos à energia plástica diminuem em cerca de 10% com o aumento da taxa de carga de 103 para 106 pN.s .$^{-1}$

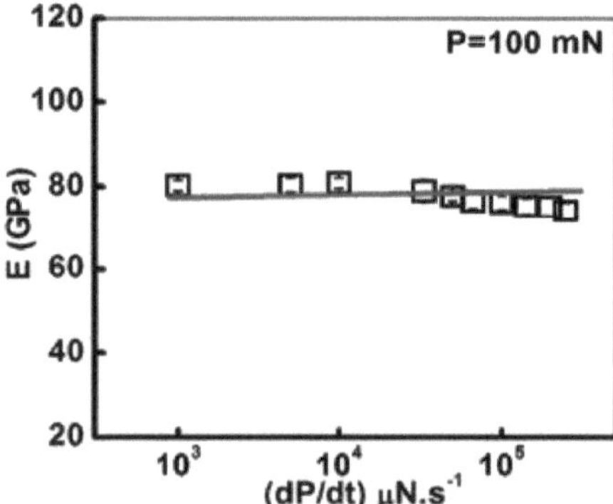

Fig. 6.10: *A variação do módulo de Young com o aumento da taxa de carregamento.*

Os dados sobre o módulo de Young medido experimentalmente em função da taxa de carga estão representados na Fig. 6.10. Os dados apresentados na Fig. 6.10 mostram que o valor do módulo de Young não sofre alterações significativas à medida que a taxa de carga aumenta de 103 para 106 pN.s^{-1} . Por conseguinte, pode dizer-se que o módulo do esmalte dentário é praticamente insensível à alteração da taxa de carga da amostra.

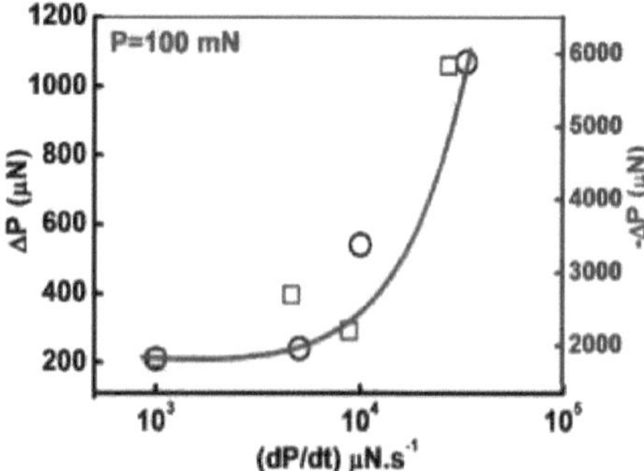

Fig. 6.11: Variação dos incrementos e decrementos de carga com o aumento da taxa de carga.

Mas as magnitudes dos aumentos de carga (AP) durante o carregamento (Fig. 6.11) e as dos decréscimos de carga (-AP) durante os ciclos de descarregamento correspondentes (Fig. 6.11) não são exatamente as mesmas para os eventos "multiple micro pop-in" e "multiple micro pop-out", embora tanto (AP) como (-AP) aumentem rapidamente de forma não linear com taxas de carregamento superiores a 10^4 pN.s .$^{-1}$

Os dados apresentados na Fig. 6.12 mostram a variação do incremento de profundidade (Ah) e do decréscimo de profundidade (-Ah) com o aumento da taxa de carga. Uma tendência quase semelhante é exibida pelos dados de profundidade correspondentes (Fig. 6.12). Ah = h -h_{c1c2} representa a alteração dos dados da profundidade crítica entre as ocorrências de dois eventos de plasticidade à escala nanométrica na amostra de nanocompósito de esmalte.

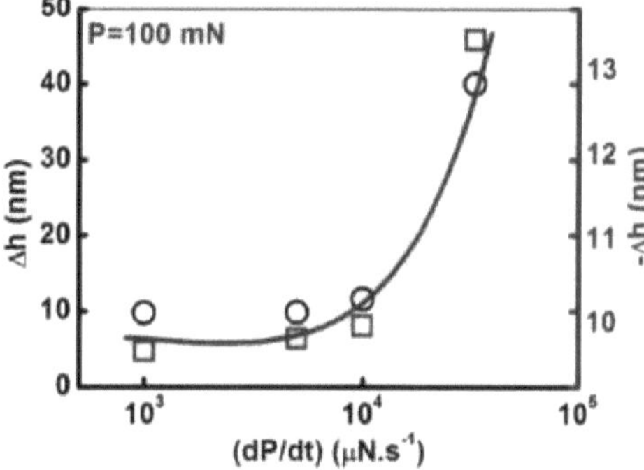

Fig. 6.12: Variação dos aumentos e diminuições de profundidade com o aumento da taxa de carga.

É interessante observar que, a taxas de carga mais baixas, os incrementos de profundidade (Ah) e os decrementos (-Ah) têm um aumento lento, mas a taxas de carga mais elevadas os incrementos e decrementos são bastante elevados (Fig. 6.12).

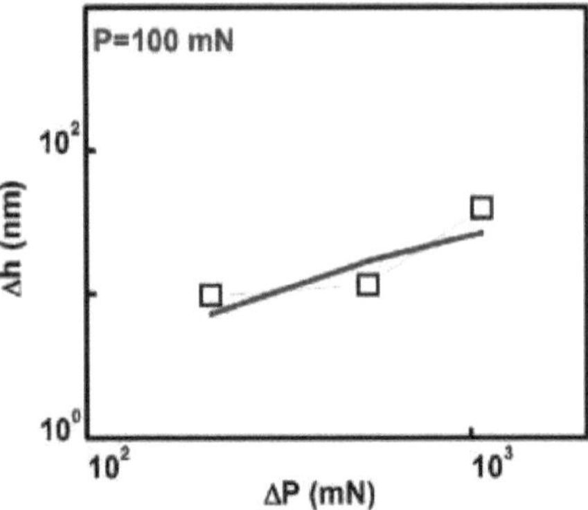

Fig. 6.13: *A dependência do incremento de profundidade com o incremento de carga durante o carregamento.*

O incremento de profundidade (Ah = h -h_{c2c} 1) [em que ocorrem dois "*micro eventos pop-in*" consecutivos *(digamos, 1,2)*] apresenta dependências empíricas de lei de potência com expoentes positivos no incremento de carga correspondente (AP) durante o carregamento, como se observa na Fig. 6.13.

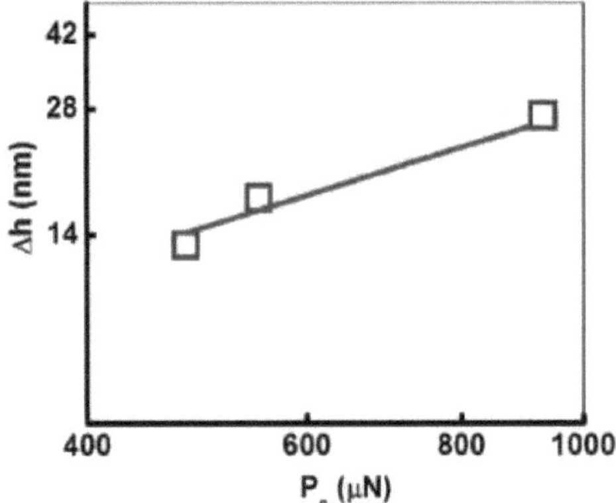

Fig. 6.14: *A dependência do aumento da profundidade com o aumento da carga crítica durante o carregamento.*

Além disso, o incremento de profundidade (Ah) também apresenta dependências empíricas de lei de potência com expoentes positivos nas cargas críticas correspondentes (*Fig. 6.14*).

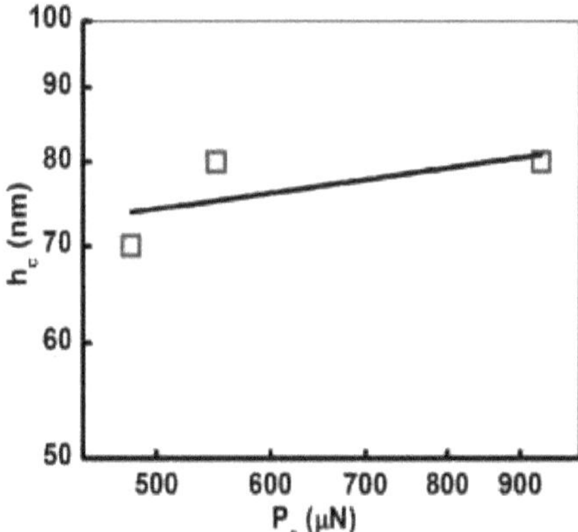

Fig. 6.15: *A dependência da profundidade crítica (hc) no incremento da carga crítica (Pc) durante o carregamento no esmalte dentário.*

A profundidade (hc) registada correspondente à carga crítica (Pc) é designada por profundidade crítica de penetração. Também se observa que hc apresenta uma dependência empírica positiva da lei de potência em relação a Pc do nanocompósito de esmalte.

Para calcular a tensão de corte máxima T_{max} (e.g., 10-30 GPa dependendo da taxa de carga, Fig. 6.7) ativa logo abaixo do nano-indentador, assume-se que para as cargas ultra-baixas, por exemplo ~200 a 1000 yN (Fig. 6.11) e profundidades ultra-baixas, por exemplo ~9 a 12 nm (Fig. 6.12), o contacto entre a ponta triangular piramidal de Berkovich e o esmalte pode ser representado aproximadamente por um contacto hertziano entre um indentador esférico e uma placa plana [23, 24]. Também realça o papel significativo dos eventos de pop-in [25] no controlo do processo de deformação em função da taxa de carga.

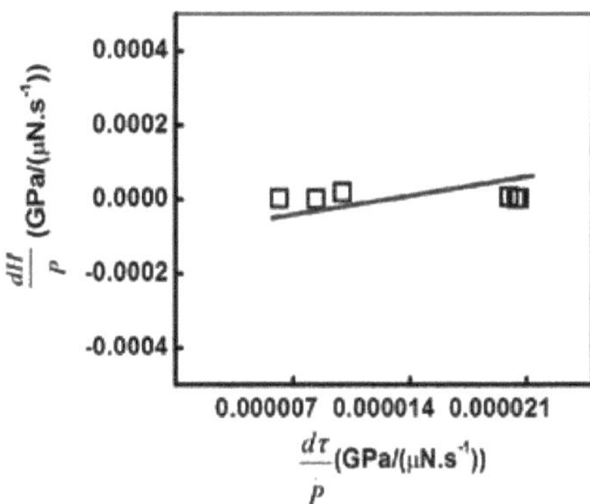

Fig. 6.16: *Influência da taxa de variação da tensão de corte com a taxa de carga* $[\frac{dH}{\dot{P}}]$ *na taxa de variação da nano-dureza com a taxa de carga* $[\frac{d\tau}{\dot{P}}]$.

Pode notar-se que, com base nos dados experimentais do módulo de Young (E), o módulo de cisalhamento (G) é estimado em ~ 31,5 GPa, assumindo o rácio de Poisson como 0,27 [12-

18]. Assim, a resistência ao cisalhamento teórica τ_{theor} [1] é estimada em ~G/5 a G/10, ou seja, 3,15 a 6,3 GPa. Por conseguinte, τ_{max} é muito superior a $\tau_{theor.}$. Agora, τ_{max} também está linearmente relacionado [23, 24] com P_{cr} . Assim, a dependência da taxa de carga de τ_{max} mostrou uma tendência semelhante à de P_{cr} (Fig. 6.7). A relação linear entre $(d\tau_{max}/d\dot{P})$ e $(dH/d\dot{P})$, (Fig. 6.16) sugere claramente que o primeiro controla o segundo. Aqui $\dot{P}$ é (dP/dt). A dependência da lei de potência da profundidade (h) em relação à carga (P) durante o ciclo de carga das experiências de nanoindentação pode ser explicada de acordo com dois modelos recentes [26, 27]. Os dados experimentais *P-h* apresentados na Fig. 6.17 confirmam o carácter genérico de tais dependências de *h* em relação a *P* para taxas de carga de 103 a 0,3 x 106 pN.s .[-1]

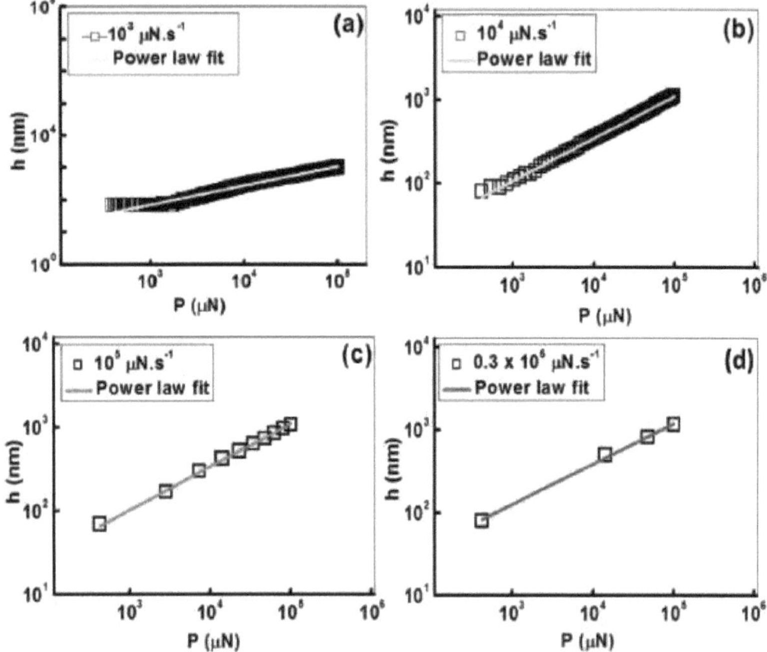

Fig. 6.17: *Os dados experimentais sobre a dependência da profundidade de nanoindentação instantânea (h) da carga de nanoindentação instantânea (P) obtidos durante os ciclos de carga a diferentes taxas de carga de (a) 103 (b) 104 (c) 105 e (d) 0,3 x 106 iN.s 1. As linhas sólidas indicam os correspondentes ajustes da lei de potência.*

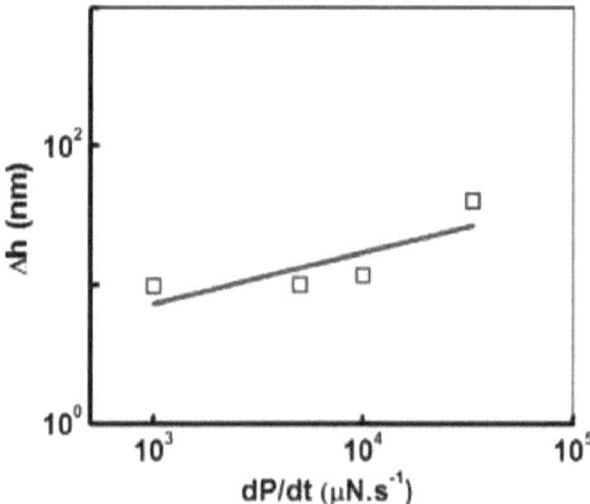

Fig. 6.18: *A dependência do incremento de profundidade (* Δh *= h -h_{c2c1}) em que ocorreram dois eventos consecutivos de plasticidade em nanoescala, digamos, 1 e 2, nas taxas de carga correspondentes (dP/dt). A linha sólida indica o ajuste da lei de potência.*

Além disso, tanto Ah como o decréscimo de profundidade (-Δh = h -h_{c1c} 2) mostram dependências empíricas da lei de potência da taxa de carregamento com expoentes positivos (Fig. 6.18 e Fig. 6.19).

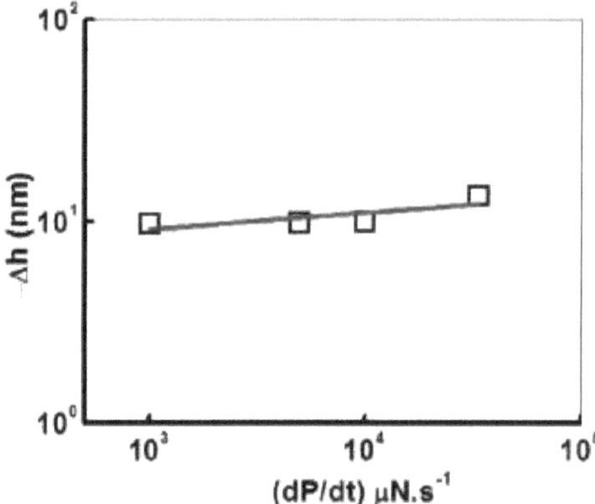

Fig. 6.19: *As dependências do decréscimo de profundidade (-Δh = h -h_{c1c2}) em que ocorreram dois eventos consecutivos de plasticidade em nanoescala, digamos, 1 e 2, nas taxas de carga correspondentes (dP/dt). A linha sólida indica o ajuste da lei de potência.*

A dependência empírica da lei de potência de Ah em $\dot{P}$ está de acordo com a previsão teórica $h \propto \dot{P}^a$ de um modelo recente [27] em que a é uma constante empírica.

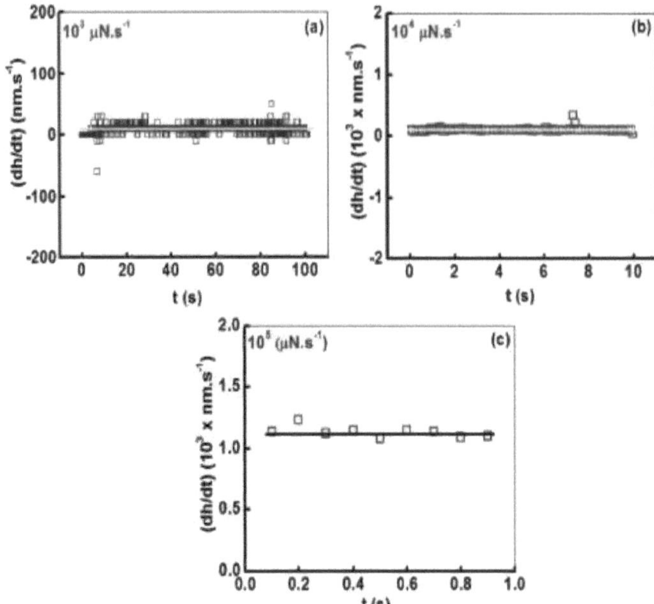

Fig. 6.20: *As dependências mínimas de (dh/dt) em relação ao tempo (t) para as experiências de nanoindentação efectuadas no esmalte dentário a diferentes taxas de carga de (a)10^3 , (b)10^4 e (c)10^5 $\mu N.s^{-1}$.*

De acordo com [26], a profundidade instantânea de nanoindentação (h) está relacionada com a *carga instantânea correspondente (P) por:*

$$P = Bh^m \tag{6.1}$$

em que, B e m são constantes empíricas e, em geral, $1 < m \leq 2$ [26]. . Observamos que, a partir da Equação (6.1) acima, podemos obter:

$$h = (B^{-1})^{(1/m)}(P)^{(1/m)} = AP^n \tag{6.2}$$

em que $A = (B^{-1})^{(1/m)}$ and $n = (1/m)$ são constantes empíricas. Foi demonstrado noutro local [27] que se pode obter a seguinte relação a partir da Equação (6.1) acima, diferenciando ambos os lados em relação ao tempo (t):

$$(dP/dt) = Bmh^{m-1} (dh/dt) \tag{6.3}$$

A equação 6.3 pode ser reescrita como:

$$h = C(dP/dt)^\alpha \tag{6.4}$$

Na Equação (6.4), as quantidades C e a são dadas por:

$$C = \{Bm(dh/dt)\}^{-\alpha} \tag{6.5}$$

E

$$\alpha = 1/(m-1) \tag{6.6}$$

Da Equação (6.5) resulta que a quantidade C se torna uma constante se h for uma constante, porque as quantidades B e m já estão definidas como constantes. Se C for uma constante, segue-se automaticamente da Equação (6.4) que

$$h \propto (dP/dt)^{\alpha} \tag{6.7}$$

A relação empírica proposta por Oliver e Pharr [32] é que durante os ciclos de descarga:

$$P = Ah'^{\beta} \tag{6.8}$$

Usando um tratamento semelhante ao que foi feito acima; a Equação (6.8) pode ser facilmente traduzida como:

$$h' = GP^{\lambda} \tag{6.9}$$

em que G e l são constantes empíricas. Seguindo o mesmo tipo de manipulações matemáticas feitas anteriormente para as Equações (6.3-6.7), a Equação (6.9) também pode ser reformulada como:

$$h' \propto (dP/dt)^{\zeta} \tag{6.10}$$

O modelo [27] requer que, para todas as taxas de carregamento, $\overset{.}{h}$ seja efetivamente constante em relação ao tempo. Esta condição é de facto verdadeira (Fig. 6.20) para as presentes experiências. Da mesma forma, a profundidade reduzida h' = h-h_f onde h e h_f representam a profundidade instantânea e a profundidade final das penetrações obtidas a partir dos dados do ciclo de descarga) em todas as taxas de carga apresentam dependências empíricas da lei de potência da carga de nanoindentação instantânea (P), Fig. 6.21.

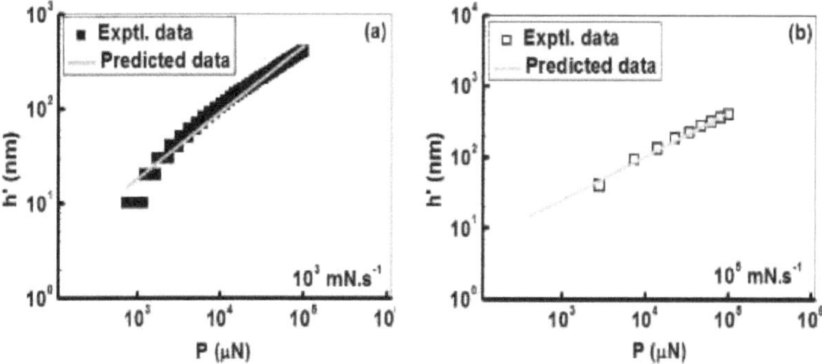

Fig. 6.21: *Os dados experimentais sobre a dependência da profundidade de nanoindentação reduzida instantânea* (h') *da carga de nanoindentação instantânea (P) obtidos durante os ciclos de descarga a (a) 10^5 pN.s^{-1} e (b) 103 pN.s^{-1} taxas de carga empregues no presente trabalho. As linhas sólidas indicam os correspondentes ajustes da lei de potência.*

O modelo recente [27] também mostrou que, se esta dependência da lei de potência se mantiver

bom então h' está relacionado com $\overset{.}{P}$ as: $h' \propto \overset{.}{P}^{\beta}$ como onde β é uma constante empírica. Assim, o

A dependência da lei de potência de $^{(-\Delta h)}$ em $\overset{.}{P}$ (Fig. 6.19) pode ser explicada como mencionado acima.

Agora, tentamos traçar uma imagem plausível do aumento da resistência de contacto à nanoescala com a taxa de carga. Basicamente, o esmalte do dente humano pode ser considerado, do ponto de vista da física da deformação, como um nanocompósito híbrido macroscópico-microscópico-nanocelular com uma arquitetura hierárquica [28-30], como já foi referido. Ao nível microscópico, é composto por prismas alinhados rodeados por uma bainha orgânica. Aqui, a bainha orgânica desempenha o papel de uma matriz proteica que é um biopolímero e, por conseguinte, espera-se que se deforme de forma viscoelástica [28].

Ao nível da nanoescala, cada prisma contém numerosos bastões de cristal HAP com ~50 nm de diâmetro e orientados ao longo do eixo do prisma [30]. Uma camada orgânica de espessura nanométrica separa estas barras [29]. Assim, em resposta à taxa de carga aplicada, a matriz de bio-polímero pode cisalhar em várias extensões para acomodar a tensão devida à deformação imposta e, no processo, pode também transferir a carga entre os componentes minerais adjacentes.

Por conseguinte, conclui-se que, ao nível da nanoescala, ocorrerá um processo sequencial de (a) carregamento repetitivo (b) transferência de carga (c) descarregamento e (c) processo de carregamento subsequente durante a penetração e a retirada do nanoindentador para dentro e para fora da microestrutura do esmalte. Propõe-se que este processo caraterístico de deformação à nanoescala dê origem ao efeito pop-in observado na nanoindentação do esmalte. Além disso, podem existir dois factores adicionais que podem contribuir. Por exemplo, estes são: (i) a extensão da partilha local da tensão total entre a matriz proteica e as hastes cristalinas de HAP [31] e (ii) o processo de estiramento de biomoléculas individuais na matriz proteica, que contribuem localmente de forma aditiva para o estiramento completo da camada da matriz proteica. Conjecturamos que, na taxa de carga mais baixa, é isto que acontece. Uma vez que o tempo de contacto é maior, as biomoléculas individuais na matriz proteica podem ter tempo suficiente para se esticarem significativamente em resposta à taxa de carga aplicada. Mas os biopolímeros deformam-se viscoelasticamente, o que inclui tanto os componentes elásticos como os inelásticos.

Por conseguinte, à medida que o nanoindentador é retirado com as taxas de carga mais baixas, as biomoléculas individuais na matriz proteica não terão tempo suficiente para se enrolarem completamente de volta à sua configuração original. É muito provável que isto aconteça, possivelmente devido à componente inelástica da deformação e à estrutura mais aberta das biomoléculas. Como resultado deste processo físico, a recuperação elástica global torna-se muito menor para o nanocompósito. Por conseguinte, é necessária uma carga crítica mais pequena (Pc) a taxas de carga mais pequenas para iniciar os eventos de plasticidade à nanoescala.

No entanto, a taxas de carga moderadas e ainda mais elevadas, pode surgir uma situação completamente diferente. Nestes casos, o tempo de contacto é muito pequeno (por exemplo, ~0,4 segundos). Consequentemente, as biomoléculas individuais na matriz proteica podem ter apenas tempo suficiente para, pelo menos, esticar moderadamente em resposta às taxas de carga aplicadas. Nesta situação, torna-se lógico esperar que elas se enrolem de novo numa extensão relativamente maior (em comparação com o caso de uma taxa de carga mais baixa) quando o nanoindentador é retirado muito rapidamente, por exemplo, em ~ 0,4 s durante o ciclo de descarga.

Este processo genérico conduzirá a uma situação em que a recuperação elástica global se torna muito mais elevada para o nanocompósito nas taxas de carga mais elevadas. Se esta imagem estiver correta, a deformação à escala nanométrica do esmalte do dente dará uma maior profundidade final de penetração a uma taxa de carga mais baixa e uma menor profundidade final de penetração a taxas de carga mais elevadas.

Os dados experimentais (Fig. 6.22) estão em total conformidade com esta conjetura e mostram, de facto, uma dependência inversa da lei de potência da profundidade final de penetração da taxa de carga.

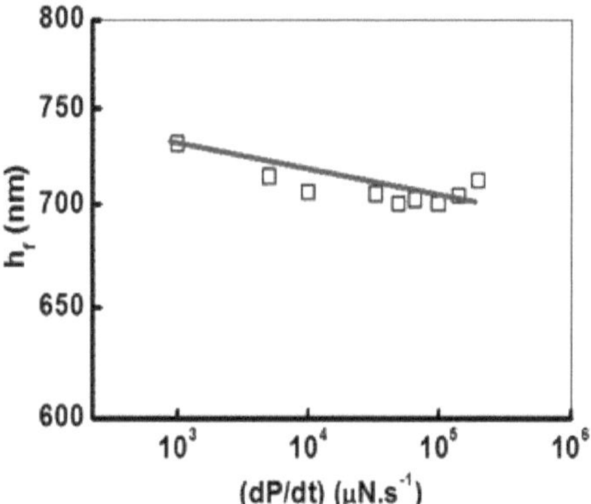

Fig. 6.22: *A dependência da profundidade final de penetração* (h_f) *da taxa de carregamento (dP/dt). A linha sólida indica o ajuste empírico da lei da potência inversa.*

Por conseguinte, é óbvio que, com taxas de carga mais elevadas, é necessária uma carga crítica (P_c) mais elevada para iniciar os fenómenos de plasticidade à escala nanométrica, como é de facto observado experimentalmente (Fig. 6.16 e Fig. 6.17). São necessárias mais experiências para provar a validade desta *imagem proposta* sobre a física do mecanismo de deformação à nanoescala para o nanocompósito de esmalte. No entanto, se esta conjetura estiver correta, então pode esperar-se uma microfractura localizada induzida por cisalhamento apenas na região subsuperficial da nanoindentação, quando a tensão local é demasiado elevada para ser acomodada apenas pela deformação permanente.

A fotomicrografia FESEM (Fig. 6.23) da nanoindentação no nanocompósito de esmalte apoia este ponto de vista. A microfractura induzida pelo cisalhamento (indicada pela seta branca oca) ocorre logo abaixo da superfície lateral do nanoindentador (Fig. 6.23) porque a tensão de cisalhamento máxima ativa logo abaixo do nanoindentador é muito superior à resistência ao cisalhamento teórica do nanocompósito de esmalte.

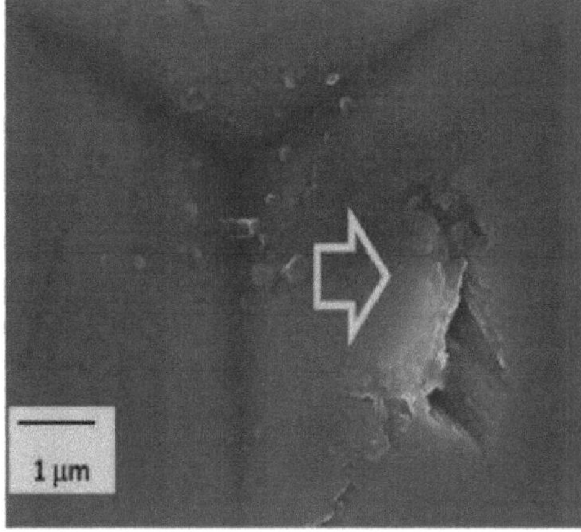

Fig. 6.23: *Fotomicrografia FESEM de uma nanoindentação típica no esmalte dentário a uma taxa de carga de* 10^3 *µN.s^{-1}.*

6.3 Conclusões

Durante as experiências de nanoindentação no esmalte dentário humano, verificou-se que a carga crítica (P_c), que significa a resistência intrínseca do material à iniciação de eventos de plasticidade incipiente à nanoescala, aumenta aparentemente com a taxa de carga aplicada. Com o aumento da taxa de carga, a nano-dureza do esmalte dentário aumenta em cerca de 8%. Tanto quanto é do nosso conhecimento, esta é a primeira observação experimental deste género. Com base nos dados experimentais actuais, sugere-se que o processo genérico responsável por esta observação é a extensão da recuperação elástica ou a falta dela na fase da matriz biopolimérica do nanocompósito de esmalte em resposta às taxas de carga mais baixas e mais altas aplicadas nas actuais experiências de nanoindentação.

Referências

[1] C. A. Schuh, T. G. Nieh e Y. Kawamura, "Rate dependence of serrated flow during nanoindentation of a bulk metallic glass," Journal of Materials Research, 17 (2002) 1651-1654.

[2] Y. I. Golovin, V. I. Ivolgin, V. A. Khonik, K. Kitagawa e A. I. Tyurin, "Serrated plastic flow during nanoindentation of a bulk metallic glass," Scripta Materialia, 45 (2001) 947-952.

[3] C. A. Schuh e T. G. Nieh, "A nanoindentation study of serrated flow in bulk metallic glasses, "Ata Materialia, 51 (2003) 87-99.

[4] R. Nowak, T. Sekino e K. Niihara, "Surface deformation of sapphire crystal," Philosophical Magazine A, 74 (1996) 171-194.

[5] J. E. Bradby, S. O. Kucheyev, J. S. Williams, J. W. Leung, M. V. Swain, P. Munroe, G. Li e M. R. Phillips, "Indentation induced damage in GaN epilayers, "Applied Physics Letters, 80 (2002) 383-386.

[6] S. O. Kucheyev, J. E. Bradby, J. S. Williams, C. Jagadish e M. V. Swain, "Mechanical deformation of single-crystal ZnO," Applied Physics Letters, 80 (2002) 956-958.

[7] R. Chakraborty, A. Dey e A. K. Mukhopadhyay, "Loading rate effect on nanohardness of soda lime silica glass," Metallurgical and Materials Transactions A, 41 (2010) 1301-1312.

[8] A. Dey, R. Chakraborty e A. K. Mukhopadhyay, "Enhancement in nanohardness of soda-lime-silica glass," Journal of Non Crystalline Solids, 357 (2011) 2934-2940.

[9] R. Chakraborty, A. Dey e A. K. Mukhopadhyay, "Role of the energy of plastic deformation and the effect of loading rate on nanohardness of soda-lime-silica glass," Physics and Chemistry of Glasses - European Journal of Glass Science and Technology Part B, 51 (2011) 293-303.

[10] M. Bhattacharya, R. Chakraborty, A. Dey, A. K. Mukhopadhyay, S. K. Biswas, " Effect of Loading Rate on nano-mechanical Properties of Alumina", Workshop on Mechanical Behaviour of Systems at Small Length Scales-3, 18-21 de setembro de 2011 (Trivandrum, Índia), p. 40 no Livro de Resumos.

[11] S. Bhuniya, R. Chakraborty, A. Dey, S. Paul, A. K. Mukhopadhyay, S. K. Biswas e N. R. Bandyopadhyay, "Effect of Loading Rate on Microhardness of Alumina Ceramics", Conferência Internacional: "Ciência e Tecnologia de Alta Pressão (AIRAPT 23)" 25-30 de setembro de 2011, BARC, Mumbai, Índia, p.188 no Livro de Resumos.

[12] S. Marwan, A. Haik, A. Trinkle, D. Garcia e F. Yang, "Investigation of nanomechanical and tribological properties of dental materials," International Journal of Theoretical and Applied Multiscale Mechanics, 1 (2009) 1-15.

[13] S. F. Ang, E. F. Bortel, M. V. Swain, A. Klocke e G. A. Schneider, "Sizedependent elastic/inelastic behavior of enamel over millimeter and nanometer length scales," Biomaterials, 31 (2010) 1955-1963.

[14] F. Lippert, D. M. Parker e K. D. Jandt, "Susceptibility of deciduous and permanent enamel to dietary acid-induced erosion studied with atomic force microscopy

nanoindentation," European Journal of Oral Science, 112 (2004) 61-66.

[15] J. Ge, F. Z. Cui, X. M. Wang e H. M. Feng, "Variações das propriedades do prisma e da bainha orgânica do esmalte por nanoindentação," Biomaterials, 26 (2005) 3333-3339.

[16] J. L. Cuy, A. B. Mann, K. J. Livi, M. F. Teaford e T. P. Weighs, "Nanoindentation mapping of the mechanical properties of human molar tooth enamel," Archives of Oral Biology, 47 (2002) 281-291.

[17] S. Poolthong, M. V. Swain, T. Mori e T. Sumii, "Mechanical Properties of Tooth Following Different Storage Conditions," Journal of Dental Research, 77 (1998) 1120-1136.

[18] S. Park, D. H. Wang, D. Zhang, E. Romberq e D. Arola, "Mechanical properties of human enamel as a function of age and location in the tooth," Journal of Materials Science: Materials in Medicine, 19 (2008) 2317-2324.

[19] C. E. Packard, e C. A. Schuh, "Initiation of shear bands near a stress concentration in metallic glass," Ata Materialia, 55 (2007) 5348-5358.

[20] H. Shang, T. Rouxel, M. Buckley e C. Bernard, "Visco-elastic behavior of soda lime silica glass determined by high temp indentation test," Journal of Material Research, 21 (2006) 632-638.

[21] W. G. Mao, Y. G. Shen e C. Lu, "Deformation behavior and mechanical properties of polycrystalline and single crystal alumina during nanoindentation," Scripta Materialia, 65 (2011) 127-130.

[22] W. G. Mao, Y. G. Shen e C. Lu, "Nanoscale elastic-plastic deformation and stress distributions of the C plane of sapphire single crystal during nanoindentation," Journal of the European Ceramic Society, 31 (2011) 1865-1871.

[23] C. E. Packard e C. A. Schuh, "Initiation of shear bands near a stress concentration in metallic glass," Ata Materialia, 55 (2007) 5348-5358.

[24] H Shang, T Rouxel, M Buckley e C Bernard, "Viscoelastic behavior of a soda-lime-silica glass in the 293-833 K range by micro-indentation," Journal of Materials Research, 21 (2006) 632-638.

[25] N. K. Mukhopadhyay e P. Paufler, "Micro- and nanoindentation techniques for mechanical characterisation of materials", International Materials Reviews, 51 (2006) 209-245.

[26] T. Ebisu, e S. Horibe, "Analysis of the indentation size effect in brittle materials from nanoindentation load displacement curve," Journal of the European Ceramic Society, 30 (2010) 2419-2426.

[27] M. Bhattacharya, R. Chakraborty, A. Dey, A. K. Mandal, e A. K. Mukhopadhyay, "Improvement in nanoscale contact resistance of alumina," Applied Physics A, 107 (2012) 783-788.

[28] P. Y. Chen, A. Y. M. Lin, Y. S. Lin, Y. Seki, A. G. Stokes, J. Peyras, E. A. Olevsky, M. A. Meyers e J. McKittrick, "Structure and Mechanical properties of selected biological materials," Journal of the Mechanical Behavior of Biomedical Materials, 1 (2008) 208-226.

[29] M. A. Meyers, P. Y. Chen, A. Y. M. Lin e Y. Seki, "Biological materials: Structure and mechanical properties," Progress in Materials Science, 53 (2008) 1-206.

[30] G. M. Luz e J. F. Mano, "Estruturas mineralizadas na natureza: Examples and inspirations for the design of new composite materials and biomaterials," Composite Science and Technology, 70 (2010) 1777-1788.

[31] H. Gao, B. Ji, I. L. Jaegar, E. Arzt e P. Fratzl, "Materials become insensitive to flaws at nanoscale: Lessons from Nature", Proceedings of the National Academy of Sciences, 100 (2003) 5597-5600.

[32] W. C. Oliver e G. M. Pharr, ^Medição da dureza e do módulo de elasticidade por

indentação instrumentada: Advances in understanding and refinements to methodology," Journal of Materials Research, 19 (2004) 3-20.

Neste capítulo, apresenta-se a resposta da zona de nanocompósito do esmalte sob taxas de carga variáveis. A coordenação entre a nanoestrutura e a microestrutura e a macroestrutura desempenha o papel principal na manutenção da integridade estrutural sob carga oclusal. A deformação inicia-se à escala nanométrica da estrutura. Este fenómeno é discutido em pormenor no próximo capítulo, ou seja, no Capítulo 7, que mostra como a plasticidade à nanoescala varia da zona interior para a zona exterior do esmalte.

Capítulo 7

Discute uma questão muito importante relacionada com a geração de plasticidade à nanoescala.

7.1 Introdução

As descontinuidades súbitas de deslocamento durante a carga e a descarga podem ser observadas em muitos materiais e são conhecidas como "pop-ins". Este fenómeno foi encontrado em vários materiais cristalinos e é atribuído à nucleação de laços de deslocação ou fendas ou a transições de fase sob a tensão de indentação. O evento de pop-in marca o primeiro aparecimento de deformações inelásticas num material em resposta a uma força aplicada externamente. Este capítulo trata principalmente do objetivo de estudar em pormenor os problemas de micro-pop-in nas três zonas diferentes do nanocompósito de esmalte.

Os dados representados na Fig. 7.1a-c mostram um gráfico P-h típico da região de nanocompósito de esmalte do dente pré-molar de um homem indiano de 65 anos de idade, tal como mencionado anteriormente (Capítulo 3). A vista explodida das descontinuidades geradas revela a penetração adicional do indentador móvel no interior do material durante a carga (Fig. 7.1b), embora a carga seja constante. Da mesma forma, durante o ciclo de descarga, a vista explodida (Fig. 7.1c) mostra que existe novamente uma quantidade extra de diminuição da profundidade quando, mais uma vez, a carga é constante.

Estes gráficos explodidos confirmam que ocorreu um grande número de serrilhas (caraterísticas semelhantes a degraus) durante os ciclos de carga e descarga. A própria presença destas serrilhas no gráfico P-h significa a ocorrência de eventos de plasticidade à nanoescala, por exemplo, múltiplos eventos de micro-pop-ins e micro-pop-out. O pop-in é relativamente mais profundo no caso de ser utilizado um indentador mais afiado [1]. Este capítulo centra-se neste fenómeno muito interessante observado no nanocompósito de esmalte.

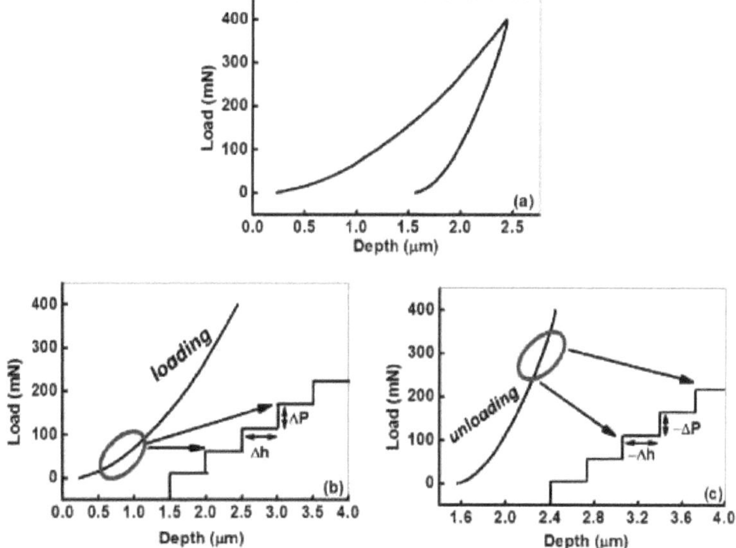

Fig. 7.1: *(a) Gráfico típico de carga e profundidade na região do esmalte, (b) curva de carga com a respetiva vista explodida mostrando os incrementos de carga (ΔP) e profundidade (Δh) e (c) curva de descarga com a respetiva vista explodida mostrando os decrementos de carga*

(-AP) e profundidade (-Ah).

7.2 Experiências efectuadas na região do esmalte

Pode ver-se a partir dos dados apresentados na Fig. 7.2 que, a uma carga máxima constante de 100 mN, os gráficos carga-profundidade (P-h) mostram uma diferença notável para as nanoindentações efectuadas nas três regiões do esmalte, ou seja, interior, média e exterior. Os dados representativos típicos apresentados na Fig. 7.2 a, b mostram as vistas explodidas dos gráficos carga-profundidade na região interior (curva preta), média (curva vermelha) e exterior (curva azul) do tecido do esmalte. Existem muitas assinaturas aparentes de serrilhas proeminentes nas três regiões do esmalte. À medida que passamos da zona interna do esmalte para a região externa do esmalte, as curvas tornam-se muito mais rígidas e a sua inclinação em relação ao eixo horizontal diminui. Isto significa que a zona exterior do esmalte é comparativamente muito mais dura do que a zona interior do esmalte. A recuperação elástica é maior na região exterior e a energia plástica gasta durante o processo de deformação é maior na zona interior do esmalte.

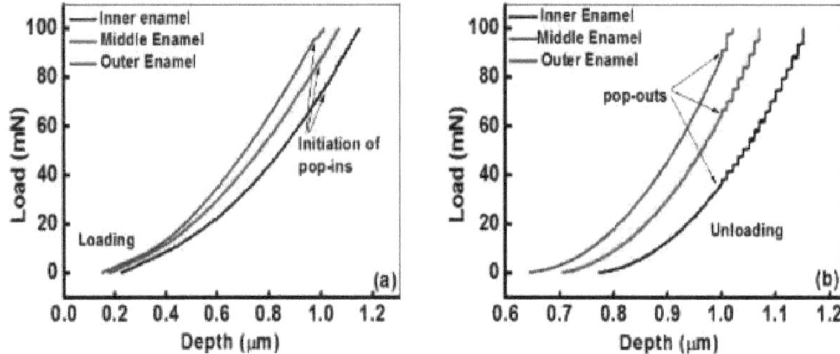

Fig. 7.2: *Gráficos típicos de P-h traçados separadamente para o processo de (a) carga e (b) descarga nas três zonas diferentes do tecido do esmalte.*

Observa-se que, tanto durante a carga como durante a descarga, as curvas (Fig. 7.2) contêm grandes explosões proeminentes conhecidas como pop-ins (na curva de carga Fig. 7.2a) e pop-outs (na curva de descarga Fig. 7.2b). É interessante notar que a iniciação destas caraterísticas proeminentes ocorreu em três cargas diferentes no caso das três curvas diferentes obtidas a partir de três regiões diferentes do tecido do esmalte. Isto acontece principalmente porque as disposições microestruturais das barras de esmalte são diferentes nas três regiões. O aumento da percentagem do teor de cálcio é também outra razão importante para o tecido exterior, que é visto como oferecendo maior resistência à sonda penetrante.

Se observarmos a região inicial das curvas de carga, a porção 1/5th das curvas é muito congestionada e está muito próxima uma da outra, em comparação com a última porção 1/5th das curvas de descarga, que parece ser mais relaxada. Os dados representativos típicos apresentados na Fig. 7.3 mostram as vistas explodidas nas três regiões diferentes do tecido do esmalte. O número de eventos de pop-ins e pop-out varia consideravelmente de região para região.

Por exemplo, verifica-se que os dados correspondentes à zona exterior do esmalte possuem muito poucas serrilhas em comparação com as contidas nos dados correspondentes à região interior do esmalte. As assinaturas das serrilhas são muito mais proeminentes na região interna do esmalte. Estes dados sugerem, por conseguinte, que existe um mecanismo subjacente que

ajudou à sua expressão na região interna do esmalte e
supressão na região do esmalte exterior.

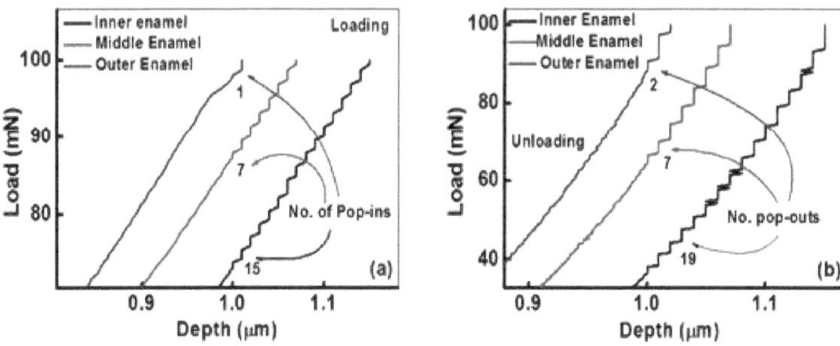

Fig. 7.3: As vistas explodidas dos gráficos P-h nas três regiões diferentes do esmalte do dente
pré-molar humano (a) com carga e (b) sem carga.

Os dados apresentados na Fig. 7.4 mostram a imagem composta do número total de eventos
que ocorrem tipicamente em cada uma das regiões específicas do esmalte durante os ciclos de
carga e descarga correspondentes. Verifica-se que o número de eventos nas três regiões
aumenta à medida que se passa da região exterior para a região interior do esmalte. Observa-se
que a zona exterior do esmalte contém apenas uma entrada e duas saídas, o que representa o
menor número de eventos encontrados. A zona interior do esmalte contém, por outro lado, 15
pop-ins e 19 pop-outs, que são o maior número entre as três regiões. A zona intermédia
contém 7 pop-ins e 7 pop-outs. Outra observação importante é o facto de o número de
entradas na zona exterior e interior ser inferior ao número de saídas nas curvas de descarga.
Estes não são semelhantes no caso da zona intermédia, que possui exatamente o mesmo
número de eventos de pop-ins e pop-out.

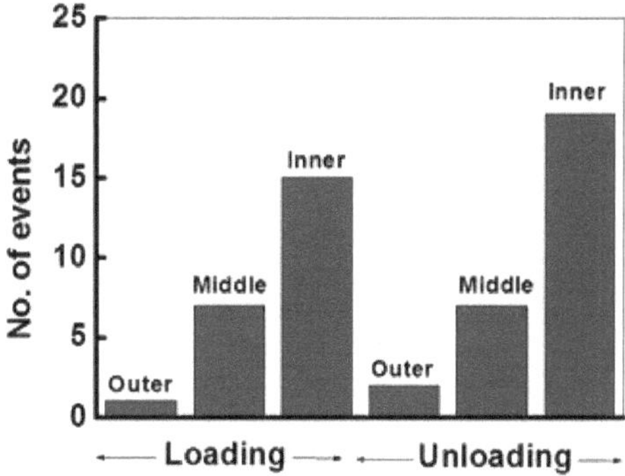

Fig. 7.4: A variação do número de rajadas para os três casos da experiência.
A parte das curvas abaixo dos pop-ins e pop-outs em todos os casos é mais ou menos suave
(Fig. 7.2). Pode sugerir-se que a primeira explosão de deslocamento observada nas presentes
experiências corresponde à condição em que a tensão de corte máxima gerada logo abaixo da
ponta do nanoindentador é da ordem de ou ligeiramente superior à resistência ao corte teórica
do material. Por conseguinte, é provável que a primeira explosão corresponda ao início da
plasticidade em nanoescala no material [1-3].

As vistas explodidas dos gráficos carga-profundidade (Fig. 7.5) mostraram o comportamento serrilhado (tipo degrau) das curvas de carga. Estas serrilhas são assinaturas de eventos de "múltiplos micro pop-in" e "múltiplos micro pop-out" que ocorrem na amostra durante os ciclos de carga e descarga, respetivamente. A ocorrência de "pop-in" em gráficos de carga-profundidade de nanoindentação é também referida em várias publicações, para vidro [4-6], alumina policristalina [7], vidros metálicos em massa [8-10], safira [11], GaN [12] e ZnO [13]. O mais interessante é que a carga crítica (P_{cr}), na qual se iniciam os eventos de plasticidade à nanoescala, aumenta à medida que se passa da zona interior para a zona exterior do esmalte (Figs. 7.5 e 7.6).

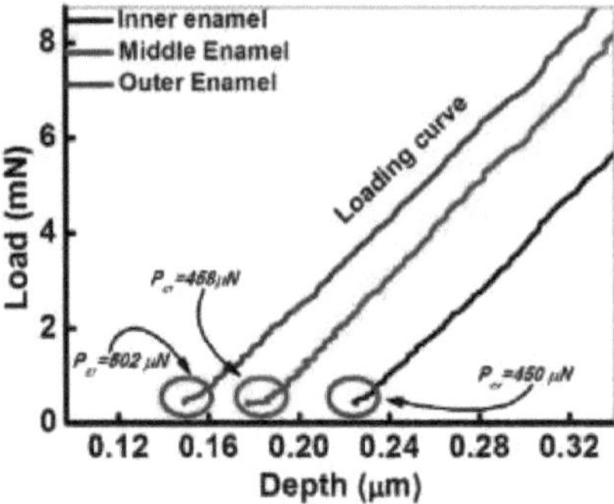

Fig. 7.5: *A vista ampliada das curvas de carga mostrando as cargas críticas nas três regiões da zona do nanocompósito de esmalte.*

Pode recordar-se que a carga crítica representa a resistência intrínseca à deformação por contacto da presente amostra contra a deformação forçada e localizada. A Fig. 7.6 mostra a vista explodida onde está marcada a carga crítica. A profundidade registada correspondente à carga crítica é conhecida como profundidade crítica (h_{cr}).

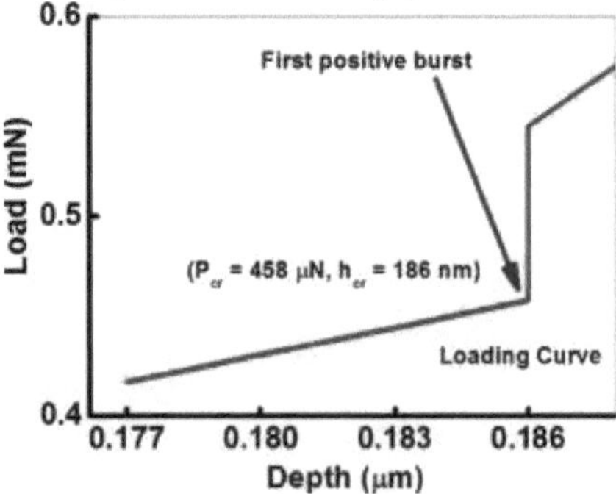

Fig. 7.6: *Vista explodida de uma curva P-h mostrando o início da plasticidade em nanoescala.*

As cargas críticas correspondentes às regiões interior, média e exterior do nanocompósito de esmalte são de 502, 458 e 450 yN, respetivamente.

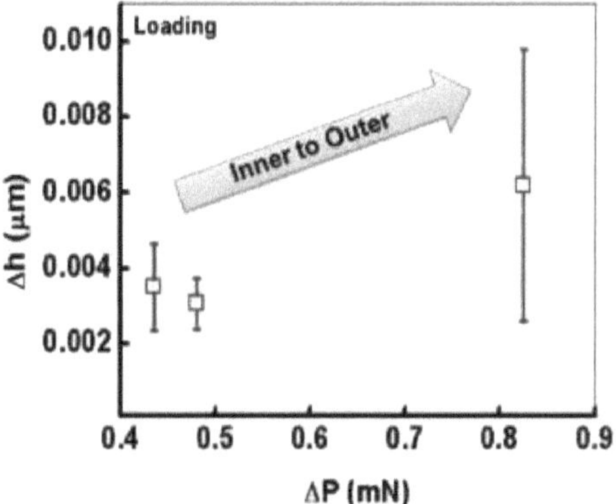

Fig. 7.7: *A variação do incremento de profundidade (Ah = h_{c2} - h_c i) no correspondente incremento de carga (AP) em que ocorreram dois eventos consecutivos de plasticidade à nanoescala durante a porção de carga para as três regiões diferentes do nanocompósito de esmalte.*

O incremento de profundidade (Ah = h_{c2} - h_{c1}) (no qual ocorrem dois "eventos de micro-pop-in" consecutivos (digamos, 1, 2) apresenta uma tendência crescente com o aumento do incremento de carga correspondente (AP), Fig. 7.7. Estes dados também apresentam uma tendência crescente (Fig. 7.5) à medida que passamos da zona interior do esmalte para a zona exterior do esmalte.

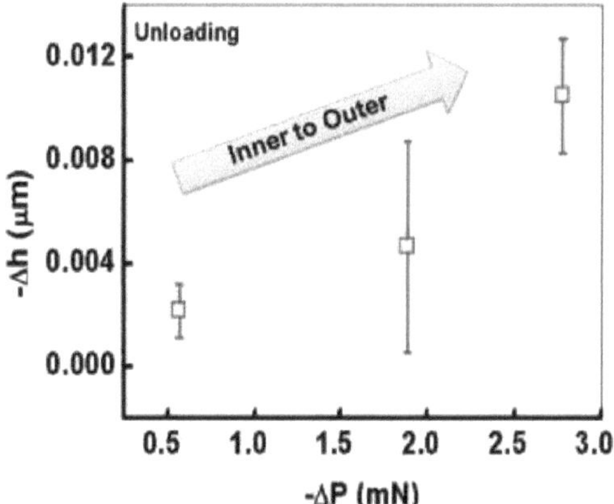

Fig. 7.8: *A variação do decréscimo de profundidade (-Ah = h_{c1} - h_{c2}) no correspondente decréscimo de carga (-ЛP) em que ocorreram dois eventos consecutivos de plasticidade à nanoescala durante a porção de descarga para as três regiões diferentes do nanocompósito de esmalte.*

Estes dados confirmam que, durante o carregamento, as serrilhas nas curvas da zona interior são mais pequenas do que as obtidas a partir dos dados correspondentes à zona exterior do esmalte. Com base nestes dados, sugere-se que, como a região exterior do esmalte é relativamente mais dura, são necessárias maiores magnitudes de PA para que ocorra a penetração do nanoindentador.

O decréscimo de profundidade (-Ah = h_{c2} - h_{c1}), por outro lado, também mostra uma

tendência crescente com o correspondente decréscimo de carga (-AP) no ciclo de descarga
(Fig. 7.8). Estes aumentos e diminuições foram calculados a partir de pelo menos vinte passos
em cada uma das curvas e os valores médios das diminuições correspondentes estão
representados nas Fig. 7.7 e Fig. 7.8.

Os dados sobre as variações dos incrementos de profundidade durante a carga nas três zonas
diferentes do esmalte são apresentados, respetivamente, na Fig. 7.9.

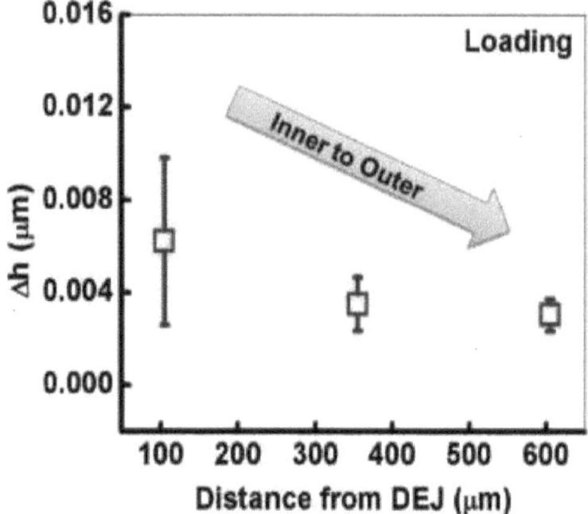

Fig. 7.9: *Os incrementos médios de profundidade durante o carregamento em três regiões*
diferentes do nanocompósito de esmalte em função da distância ao DEJ.

Da mesma forma, os dados sobre as variações dos decréscimos de profundidade durante a
descarga nas três zonas diferentes do nanocompósito de esmalte são apresentados na Fig. 7.10.

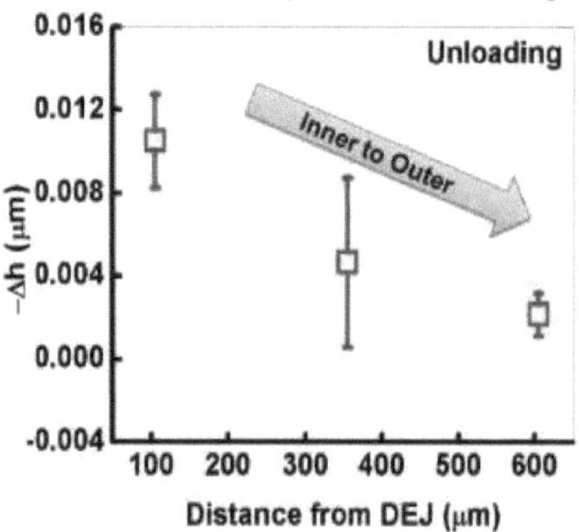

Fig. 7.10: *Os decréscimos médios de profundidade durante a descarga em três regiões*
diferentes do nanocompósito de esmalte em função da distância ao DEJ.

Observa-se, a partir dos dados apresentados nas Fig. 7.9 e 7.10, que os aumentos e as
diminuições de profundidade diminuem à medida que nos deslocamos das regiões interiores
para as exteriores do esmalte.

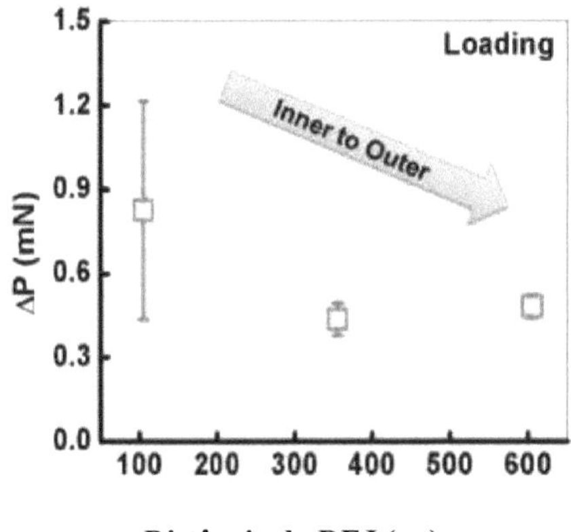

Distância do DEJ (μm)

Fig. 7.11: Os incrementos médios de carga durante o carregamento em três regiões diferentes do nanocompósito de esmalte em função da distância ao DEJ.

Os dados relativos às variações dos incrementos de carga e dos decrementos de carga durante a carga e a descarga nas três zonas diferentes do esmalte são apresentados, respetivamente, na Fig. 7.11 e na Fig. 7.12.

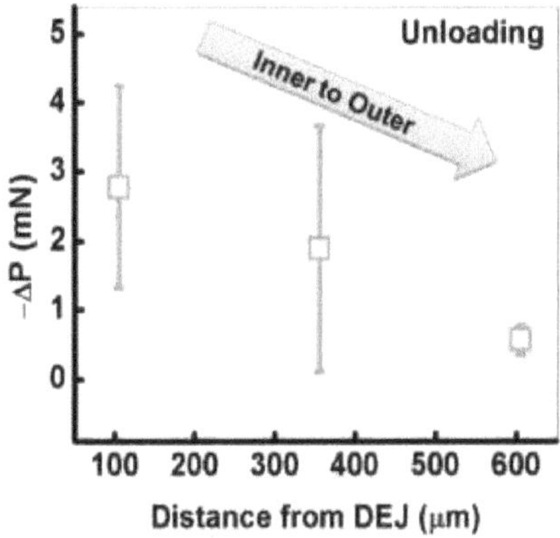

Fig. 7.12: Os decréscimos médios de carga durante a descarga em três regiões diferentes do nanocompósito de esmalte em função da distância ao DEJ.

Observa-se que os aumentos e os decréscimos de carga diminuem à medida que nos deslocamos das regiões interiores para as exteriores do esmalte.

7.3 Por que é que os "pop-ins" ocorrem no esmalte?

Ao nível da nanoescala, cada prisma de esmalte dentário contém numerosos cristais de HAP com cerca de 50 nm de diâmetro. Estas estão orientadas ao longo do eixo do prisma. Uma camada orgânica de espessura nanométrica separa estas barras. Assim, em resposta à carga aplicada, a matriz de biopolímeros pode cisalhar em várias extensões para acomodar a tensão devida à deformação imposta e, no processo, a matriz pode também transferir a carga entre os componentes minerais adjacentes. Por conseguinte, conclui-se que, ao nível da nanoescala, ocorre um processo sequencial de (a) carga repetitiva, (b) transferência de carga, (c) descarga e (d) processo de carga subsequente durante a penetração e retirada do nanoindentador para dentro e para fora da microestrutura do esmalte.

Foi proposto noutro local [14] que estes passos de deformação caraterísticos à escala nanométrica podem dar origem a micro eventos de pop-in nos nanocompósitos de esmalte. Além disso, pode haver dois factores adicionais que podem contribuir para os eventos de micro pop-in observados. Estes são: (a) a extensão da partilha local da tensão total entre a matriz proteica e as barras de cristal de HAP e (b) o processo de estiramento de biomoléculas individuais na matriz proteica, podendo ambos contribuir de forma aditiva localmente para o estiramento completo da camada da matriz proteica. No entanto, é necessário muito mais trabalho de investigação para compreender em pormenor a génese dos eventos de micro pop-in em vários sólidos frágeis, bem como nos nanocompósitos naturais, como o presente nanocompósito de esmalte.

7.4 Conclusões

Foi efectuado um estudo pormenorizado sobre a ocorrência de "pop-ins" e "pop-outs" na zona interior, média e exterior do esmalte em condições de carga semelhantes. Observa-se um maior número de eventos de pop-in e pop-out à medida que se passa das regiões exteriores para as interiores do esmalte. Os eventos plásticos à escala nanométrica são, por conseguinte, menores no esmalte exterior em comparação com a zona interior, mostrando assim que a zona exterior é relativamente muito mais recuperável em termos elásticos.

Referências

[1] N. K. Mukhopadhyay e P. Paufler, "Micro- and nanoindentation techniques for mechanical characterisation of materials," International Materials Reviews, 51 (2006) 1-37.

[2] C. E. Packard e C. A. Schuh, "Initiation of shear bands near a stress concentration in metallic glass," Ata Materialia, 55 (2007) 5348-5358.

[3] H. Shang, T. Rouxel, M. Buckley e C. Bernard, "Visco-elastic behavior of soda lime silica glass determined by high temp indentation test," Journal of Material Research, 21 (2006) 632-638.

[4] R. Chakraborty, A. Dey e A. K. Mukhopadhyay, "Loading rate effect on nanohardness of soda-lime-silica glass," Metallurgical and Materials Transactions A, 41 (2010) 1301-1312.

[5] R. Chakraborty, A. Dey e A. K. Mukhopadhyay, "Role of the energy of plastic deformation and the effect of loading rate on nanohardness of soda- lime-silica glass," Physics and Chemistry of Glasses: European Journal of Glass Science and Technology Part B 51 (2010) 293-303.

[6] A. Dey, R. Chakraborty e A. K. Mukhopadhyay, "Enhancement in nanohardness of soda-lime-silica glass," Journal of Non-Crystalline Solids, 357 (2011) 2934-2940.

[7] M. Bhattacharya, R. Chakraborty, A. Dey, A. Mondal e A. K. Mukhopadhyay, "New observations in micro-pop-in issues in nanoindentation of coarse grain alumina," Ceramics International, 39 (2013) 999-1009.

[8] C. A. Schuh, T. G. Nieh e Y. Kawamura, "Rate dependence of serrated flow during nanoindentation of a bulk metallic glass," Journal of Materials Research, 17 (2002) 1651-1654.

[9] Y. I. Golovin, V. I. Ivolgin, V. A. Khonik, K. Kitagawa e A. I. Tyurin, "Serrated plastic flow during nanoindentation of a bulk metallic glass," Scripta Materialia, 45 (2001) 947-952.

[10] C. A. Schuh e T. G. Nieh, "A nanoindentation study of serrated flow in bulk metallic glasses, "Ata Materialia, 51 (2003) 87-99.

[11] R. Nowak, T. Sekino e K. Niihara, "Surface deformation of sapphire crystal," Philosophical Magazine A, 74 (1996) 171-194.

[12] J. E. Bradby, S. O. Kucheyev, J. S. Williams, J. W. Leung, M. V. Swain, P. Munroe, G. Li e M. R. Phillips, "Indentation induced damage in GaN epilayers, "Applied Physics Letters,

80 (2002) 383-386.

[13] S. O. Kucheyev, J. E. Bradby, J. S. Williams, C. Jagadish e M. V. Swain, "Mechanical deformation of single-crystal ZnO," Applied Physics Letters, 80 (2002) 956-958.

[14] N. Biswas, A. Dey e A. K. Mukhopadhyay, "Efeito da taxa de carregamento na nano-dureza do esmalte humano," Indian Journal of Physics, 86 (2012) 569-574.

Os "micro pop-ins" e "micro pop-outs" estão relacionados com a natureza de dobragem e desdobragem da matriz bio-proteica. Este capítulo discutiu a resposta das três zonas do esmalte sob condições de carga semelhantes. O número de serrilhas também variou nas três regiões. Mas como é que o nanocompósito se comporta quando a carga é mantida constante, quando máxima, durante um determinado período de tempo? A propriedade dependente do tempo do nanocompósito será a questão que será discutida no próximo capítulo, ou seja, no Capítulo 8.

Capítulo 8

Fornecerá o comportamento de fluência do tecido do esmalte em tempos de fluência variados.

8.1 Introdução

Há uma variedade de movimentos da cavidade oral, entre os quais a fluência também faz parte.

As respostas viscoelásticas e visco-plásticas dos materiais biológicos naturais desempenham um papel importante na distribuição das forças experimentadas externamente. O esmalte dentário é um nanocompósito cerâmica-polímero e muitas investigações recentes [1, 2] revelam as suas respostas inelásticas. As propriedades anisotrópicas dos biocompósitos naturais também desempenham um papel importante na determinação da resposta global à fluência. Assim, este capítulo limita-se principalmente à resposta à fluência do esmalte.

8.2 Avaliação das propriedades do tecido do esmalte em função do tempo

O comportamento de fluência por nanoindentação é estudado na região do esmalte de um dente pré-molar humano de um homem indiano de 35 anos de idade. É efectuada uma linha de 10 indentações para cada uma das experiências de fluência realizadas utilizando o nanoindentador Fischerscope. A Fig. 8.1 mostra uma micrografia ótica típica das indentações da linha. A experiência é efectuada com uma carga máxima de 50 mN. O tempo de deformação varia de 1 segundo a 60 segundos.

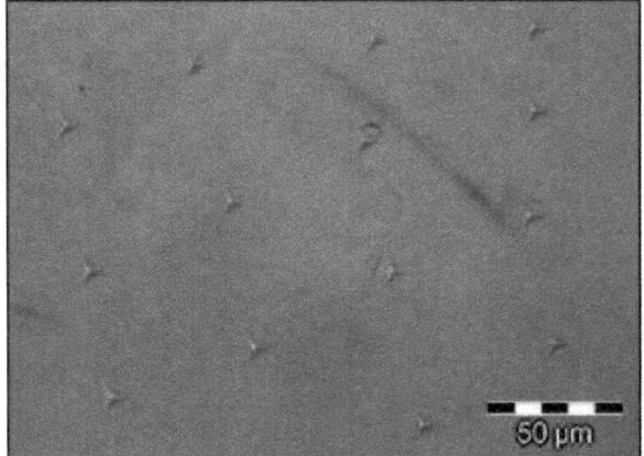

Fig. 8.1: *Micrografia ótica típica dos entalhes de linha com uma ampliação de 100x para vários tempos de fluência.*

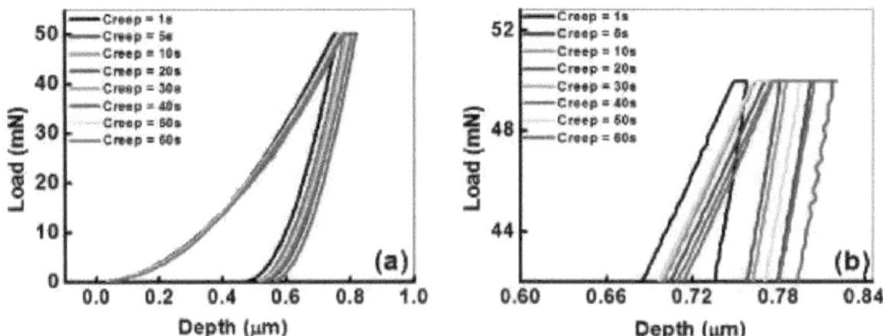

Fig. 8.2: *(a) O gráfico da profundidade da carga para vários tempos de fluência, (b) a vista explodida do mesmo durante o período de espera.*

Os dados apresentados na Fig. 8.2a mostram os gráficos de carga e profundidade da nanoindentação em vários períodos de fluência. Os gráficos de carga e profundidade indicam claramente o comportamento elasto-plástico do esmalte. As experiências são efectuadas com uma carga constante de 50 mN. O tempo de carga é mantido fixo em 30 s. O tempo de descarga é mantido igual ao tempo de carga. As experiências de fluência são efectuadas de modo a que o tempo de espera após a carga máxima ser atingida varie de 1 segundo a 60 segundos.

Embora o esmalte seja composto por mais de 95 % de mineral, também apresenta uma quantidade suficiente de fluência, tal como refletido nas vistas ampliadas (Fig. 8.2b) das partes dos gráficos de profundidade de carga em que a carga máxima é mantida constante durante os períodos de tempo de fluência correspondentemente diferentes.

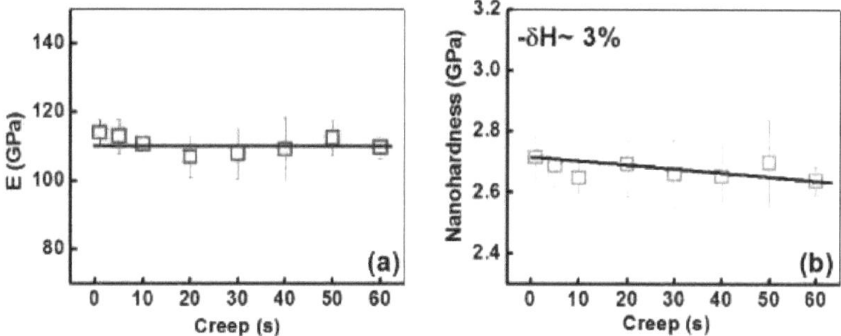

Fig. 8.3: (a) *Variação do módulo de Young com o aumento do tempo de fluência, (b) Alteração da nano-dureza com o aumento do tempo de fluência.*

Assim, o esmalte apresenta propriedades dependentes do tempo e, por conseguinte, apresenta uma deformação viscoelástica em que o componente proteico do esmalte pode desempenhar um papel muito importante [3]. Os gráficos do módulo de Young e da nanodureza do esmalte são apresentados na Fig. 8.3a, b. O módulo de Young do esmalte é insensível ao aumento do tempo de fluência (Fig. 8.3a), enquanto a nanodureza apresenta apenas uma ligeira diminuição de cerca de 3 % com o aumento do tempo de fluência. Estes dados mostram que o esmalte é menos rígido à medida que o período de fluência é aumentado.

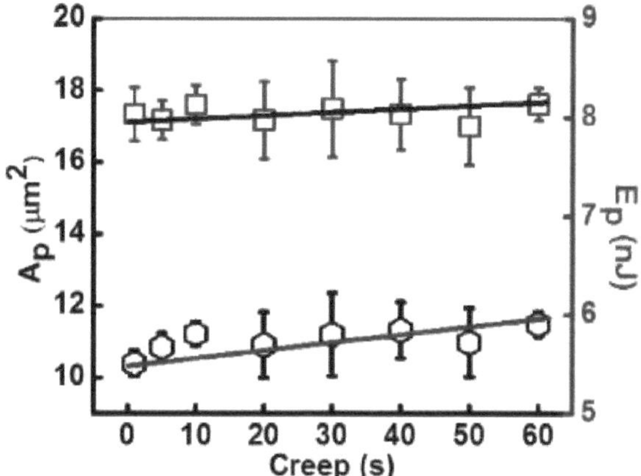

Fig. 8.4: Variação da área de contacto projectada e da curva de energia plástica com a
variação da fluência.

91

A área projectada das nano-retenções mostra um aumento quando o tempo de fluência é aumentado, conforme apresentado na Fig. 8.4. Estes dados significam que a profundidade final de penetração aumenta com o aumento do tempo de fluência. Assim, a energia gasta na deformação plástica do processo de nanoindentação apresenta uma tendência crescente, Fig. 8.4. Esta experiência foi realizada com uma carga constante de 50 mN e uma taxa de carregamento constante de 1,6 mN.s^{-1} . Assim, a principal alteração na propriedade mecânica deve-se à deformação visco-elástica que ocorre na microestrutura durante o tempo de fluência. Considerando o esmalte como um sólido não linear, este apresentará uma fluência segundo a lei da potência. A resposta mecânica seguirá, portanto, uma relação tensão-deformação, nomeadamente [4],

$$\sigma = K\dot{\varepsilon}^{m} \tag{8.1}$$

em que s é a taxa de deformação por deformação, o é a tensão correspondente e K e m são os valores do material
constantes. Nomeadamente, m é a sensibilidade da taxa de fluência.
A taxa de deformação de um ensaio de indentação pode ser extraída do gráfico P-h como a velocidade de deslocamento do indentador $\dfrac{\partial h}{\partial t}$ dividida pela profundidade plástica (h) de penetração [5].

$$\dot{\varepsilon} = \frac{\partial h / \partial t}{h} \tag{8.2}$$

A dureza de contacto H pode ser escrita como

$$H = \frac{P}{A} = \frac{P}{ch^{2}} \tag{8.3}$$

em que H é a nanodureza ou a pressão de contacto instantânea, P é a carga, h é a
profundidade de contacto e c é uma constante geométrica do indentador (por exemplo, 24,5 para uma ponta de Berkovich perfeita) [6].

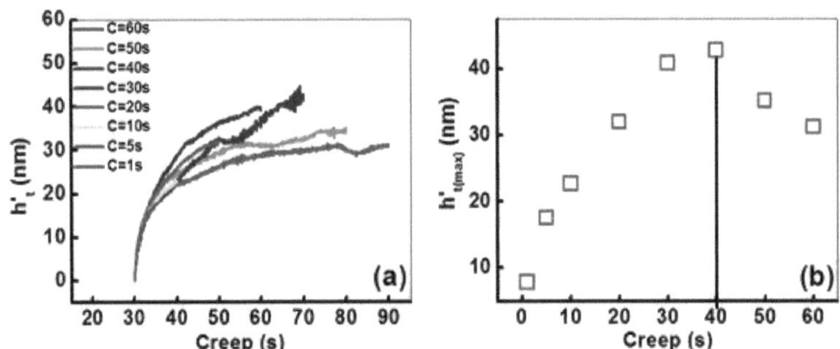

Fig. 8.5: *(a) Variação da profundidade de penetração relativa (h't) em função do tempo de fluência. (b) Variação da profundidade máxima de penetração relativa em vários tempos de fluência.*

A profundidade de penetração relativa (h'$_t$) é calculada subtraindo a profundidade inicial à carga máxima das profundidades crescentes durante o período de fluência a esta carga. Os dados apresentados na Fig. 8.5a mostram os dados de fluência à carga máxima para vários tempos de fluência. Os dados exibem inicialmente um aumento acentuado da profundidade de penetração com o tempo durante cerca de 10 segundos, mas mais tarde o aumento é mais ou menos saturado.

Os dados apresentados na Fig. 8.5b mostram a variação da profundidade máxima de penetração relativa (h' ($_{tma\,x)}$) com o aumento dos tempos de fluência. É interessante notar que h' ($_{tmax}$) aumenta até 40 segundos de tempo de deformação, mas depois diminui. A razão exacta para este comportamento ainda não é conhecida. No entanto, especula-se que é possível que este fenómeno se deva à resposta combinada do esmalte devido à sua estrutura hierárquica e à orientação dos cristais e das barras (à nanoescala e à microescala), juntamente com o efeito da biomineralização.

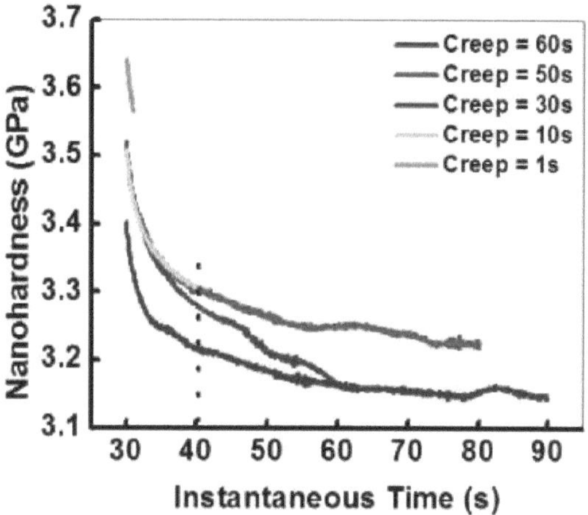

Fig. 8.6: *Variação da nano-dureza do esmalte durante o período de fluência.*

Os dados apresentados na Fig. 8.6 mostram a diminuição da nano-dureza do esmalte com o aumento dos tempos de fluência. A curva apresenta inicialmente um decréscimo muito acentuado (o que também se reflecte na Fig. 8.5a) até aos primeiros 10 segundos do período de fluência, após o que o material não é muito sensível ao estímulo externo, uma vez que apresenta uma saturação gradual muito lenta no valor da nanodureza. Os dados apresentados na Fig. 8.7 mostram várias curvas em gráficos logarítmicos duplos da nanodureza instantânea contra a taxa de deformação durante a fluência no nanocompósito de esmalte. As linhas sólidas representam as linhas ajustadas empiricamente para os dados experimentais actuais à seguinte lei de potência Equação (8.4)

$$H = B\,\dot{\varepsilon}^{\,m}$$

(8.4)

em que H é a nanodureza, B é o termo pré-exponencial, $\dot{\varepsilon}$ é a taxa de deformação e m é o expoente da lei de potência correspondente com o significado de sensibilidade à taxa de fluência. Teoricamente, a sensibilidade da taxa de fluência, m, é um expoente da lei de potência sem unidades para reflectir a capacidade de fluxo de um material. Os valores da qualidade do ajuste (por exemplo, R^2) para todas as oito variações da fluência são quase próximos de 1, o que confirma que as variações originais da nanodureza são bem representadas pela equação da lei da potência.

Devido à complexidade composicional e microestrutural do esmalte dentário, as respostas à fluência são realmente mais complexas sob nanoindentação do que as dos polímeros. Os resultados indicam que os ensaios de fluência por indentação, especialmente os realizados em materiais biológicos naturais, produzem respostas complexas que não correspondem aos modelos mecânicos actuais, que se baseiam em materiais poliméricos metálicos ou viscosos. A resposta viscosa não é tão fácil de ser descrita por modelos de relaxamento simples. Embora se encontre uma relação linear para a dureza instantânea contra a taxa de deformação de uma forma logarítmica (Fig. 8.7), não existe um modelo adequado para explicar este comportamento.

É interessante notar, a partir dos dados apresentados na Fig. 8.7, que a taxa de fluxo do nanocompósito de esmalte aumenta à medida que os tempos de fluência aumentam de 1 para 40 segundos. Observa-se que o caudal aumentou cerca de 10 % aos 40 segundos de deformação. O termo pré-exponencial também aumentou até aos 40 segundos de deformação, após o que diminuiu ligeiramente.

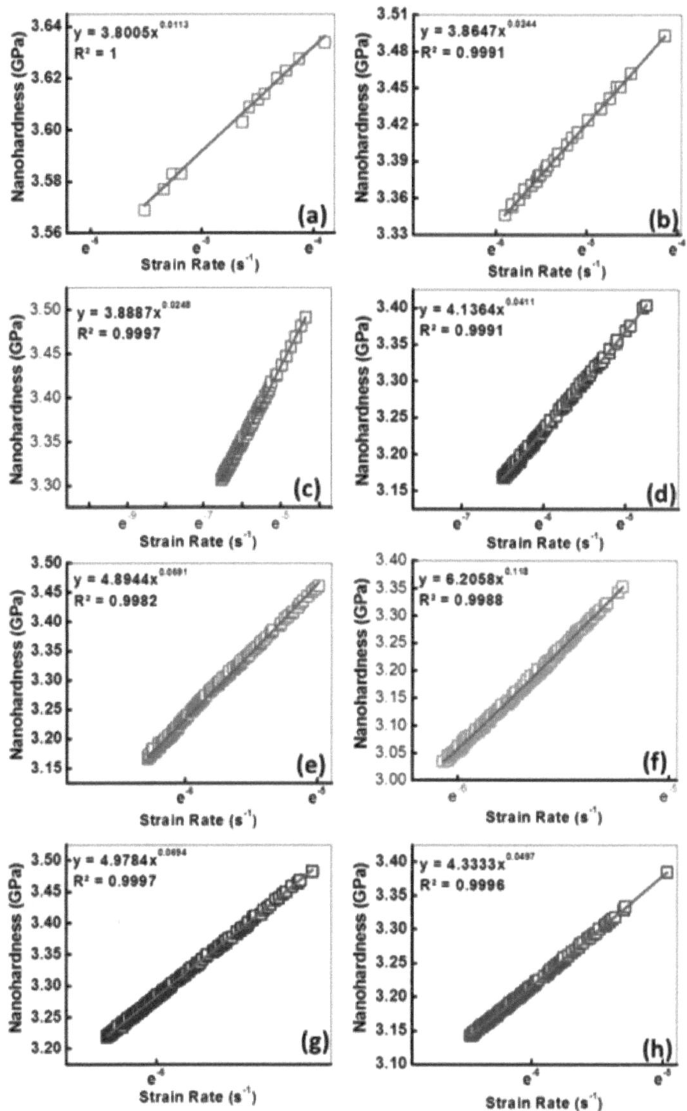

Fig. 8. 7: *Variação da nano-dureza instantânea com a taxa de deformação para várias deformações.*

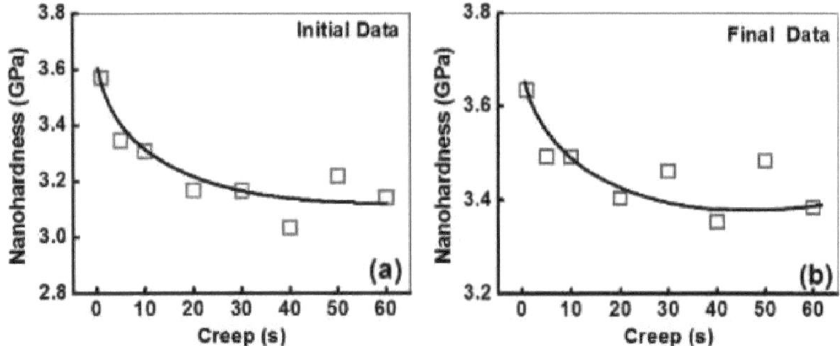

Fig. 8.8: *Variação dos dados (a) iniciais e (b) finais da nanodureza instantânea para várias fluências no esmalte.*

Os dados de nanodureza inicial e máxima instantânea obtidos

para vários tempos de fluência são representados em função dos tempos de fluência, como se mostra na Figura 8.8a e 8.8b, respetivamente. Ambas as curvas mostram uma tendência decrescente com o aumento do tempo de fluência. Com um tempo de fluência mais baixo, observa-se que a amostra revela uma nanodureza instantânea mais baixa e, por conseguinte, uma resistência de contacto intrínseca mais baixa no início da condição de retenção de carga máxima. No entanto, à medida que o tempo de retenção aumenta, a amostra apresenta uma resistência inicial mais elevada durante a deformação sob as mesmas condições de carga e descarga. Do mesmo modo, no final do período de retenção, os dados de nanodureza instantânea são novamente mais baixos no caso de menor fluência e mais elevados no caso de tempos de fluência mais elevados. Esta é uma observação muito interessante que requer um estudo mais pormenorizado para a sua interpretação.

Os dados apresentados na Figura 8.9 (a-h) mostram a taxa de variação da nanodureza em relação à taxa de deformação contra o aumento da taxa de deformação. Os dados mostram que, inicialmente, a taxa de variação da nanodureza é muito rápida, mas satura após um determinado aumento da taxa de deformação no sistema.

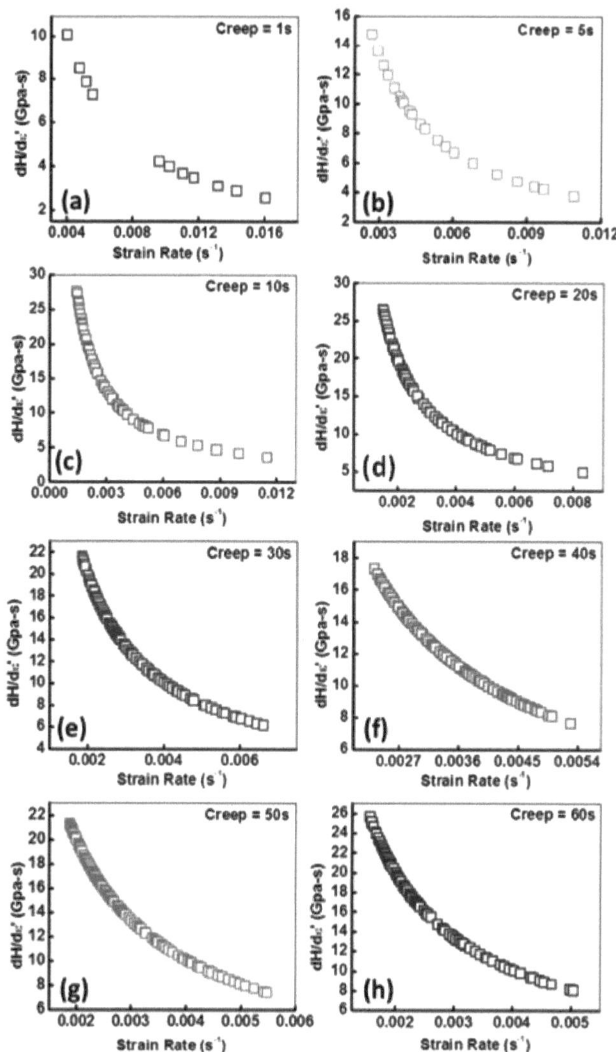

Fig. 8.9: Variação da taxa de variação da nanodureza em relação ao *gráfico da* taxa de deformação versus *taxa de deformação*.

Isto revela que, inicialmente, o sistema se sente inconveniente em aceitar a energia aplicada externamente, mas após um determinado período de deformação, habitua-se a ela e, por conseguinte, para além deste tempo crítico de deformação, a alteração da taxa de variação da nanodureza com a taxa de deformação torna-se comparativamente menos significativa com o aumento do tempo de deformação.

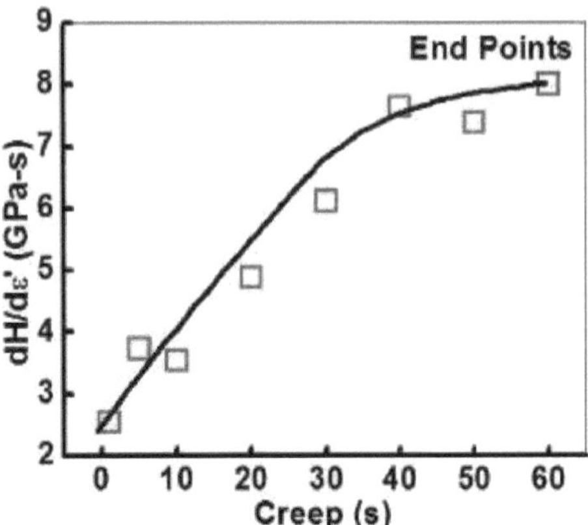

Fig. 8.10: *Variação da taxa máxima de variação da nanodureza em relação ao gráfico da taxa de deformação versus tempo de fluência.*

Este aspeto é muito mais claramente revelado pelos dados apresentados na Fig. 8.10. Estes dados mostram que a taxa máxima de alteração da nanodureza em relação à taxa de deformação é máxima aos 40 segundos de deformação, mas a alteração satura-se a tempos de deformação ainda mais elevados.

A Fig. 8.11 mostra os dados sobre a sensibilidade da taxa de fluência obtidos em vários tempos de fluência. Com o aumento do tempo de fluência de 1 segundo para 40 segundos, a sensibilidade da taxa de fluência aumentou cerca de 10%, após o que se regista uma ligeira diminuição [7]. Com base nestes dados, especula-se que o nanocompósito de esmalte pode apresentar deformações viscoelásticas e visco-plásticas. No entanto, são necessárias mais experiências de confirmação, provas baseadas em microscopia eletrónica e trabalho de modelização para verificar a validade desta conjetura.

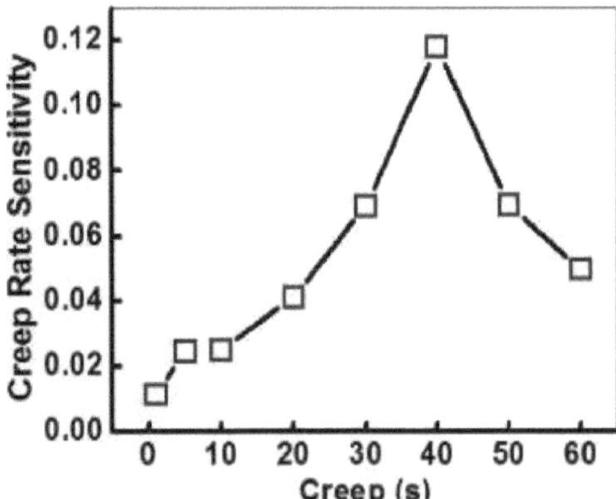

Fig. 8.11: *Variação da sensibilidade da taxa de fluência com o aumento da fluência.*

8.3 Conclusões

Neste estudo, o comportamento de fluência por nanoindentação do esmalte humano é investigado à temperatura ambiente. Os presentes resultados mostram que o esmalte tem a capacidade de se deformar e tem uma sensibilidade à taxa de deformação que aumenta com o aumento do tempo de deformação. Isto é fundamental para os tecidos duros naturais, de modo a proporcionar um efeito de amortecimento e distribuir as tensões que aumentam rapidamente sob condições de carga funcionais. Neste caso, o componente proteico bio-polimérico pode desempenhar um papel importante no relaxamento de tensões de contacto altamente localizadas.

Referências

[1] L. H. He e M. V. Swain, "Enamel-A "metallic-like" deformable biocomposite," Journal of Dentistry, 35 (2007) 431-437.

[2] L. H. He e M. V. Swain, "Energy absorption characterization of human enamel using nanoindentation," Journal of Biomedical Materials Research A, 81 (2007) 484492.

[3] L. H. He e M. V. Swain, "Nanoindentation creep behavior of human enamel," Journal of Biomedical Materials Research A, 91 (2009) 352-359.

[4] A. C. Fischer-Cripps, "Nanoindentation", Nova Iorque: Springer; 2002. Pp. 110-111

[5] M. J. Mayo e W. D. Nix, "A micro-indentation study of superplasticy in Pb, Sn, and Sn-38 wt% Pb," Ata Metallurgica, 36 (1988) 2183-2192.

[6] W. C. Oliver e G. M. Pharr, "An improved technique for determining hardness and elastic modulus using load and displacement sensing indentation experiments," Journal of Materials Research 7 (1992) 1564-1583.

[7] N. Biswas, L. Khurana e A. K. Mukhopadhyay, trabalho não publicado

> *O principal objetivo do presente capítulo é estudar a deformação viscoelástica do tecido do esmalte sob vários tempos de fluência. O tecido dentinário proporciona um efeito de amortecimento ao esmalte duro exterior. Por isso, precisamos de saber como é o comportamento da deformação dependente do tempo do tecido dentinário sob tempos de fluência variados. Será o comportamento igual ao do esmalte ou diferente do da zona dura exterior? O capítulo seguinte, i.e., o capítulo 9, lança alguma luz sobre o comportamento da dentina dependente do tempo.*

Alivia as questões relacionadas com a resposta viscoelástica do tecido dentinário.

9.1 Introdução

O tecido dentário dos dentes tem várias fases, tais como fibras de colagénio, nanocristais de hidroxiapatite e água. Estes estão interligados entre si em três dimensões. Constroem uma rede topologicamente contínua em todo o nanocompósito. Trata-se de um compósito de fase interpenetrante porosa que tem ganho uma atenção considerável no fabrico de compósitos semelhantes à dentina com estrutura interpenetrante ou múltiplas fases e porosidade [1].

A microestrutura e as propriedades da dentina são muito importantes na medicina dentária preventiva e restauradora. Assim, tanto do ponto de vista das aplicações de engenharia biomédica como da análise teórica, o estudo da fluência por nanoindentação da dentina é de grande interesse.

Vários estudos revelam as propriedades dependentes do tempo da dentina, entre as quais o aumento da deformação quando a tensão é mantida constante (comportamento de fluência) é o principal objetivo deste capítulo. Clinicamente, a resposta viscoelástica da dentina é potencialmente importante. O comportamento de fluência da dentina foi relatado pela primeira vez em 1958 por Craig et al [2], onde eles descobriram que a deformação aumenta com o tempo quando a carga é mantida constante. A viscoelasticidade da dentina humana sob a ação de uma tensão compressiva estática uniaxial também foi estudada por Jafarzadeh et al em 2004. Os dados obtidos a partir das propriedades compressivas são particularmente importantes no processo de mastigação, uma vez que as forças mastigatórias incluem uma componente compressiva [3]. Mas não existem muitos relatórios disponíveis para explicar a resposta visco-elástica da dentina. Este capítulo centra-se na propriedade dependente do tempo da dentina avaliada a uma carga máxima constante de 100 mN.

9.2 Comportamento de deformação da dentina com o aumento do tempo de fluência

Os dados apresentados na Fig. 9.1 mostram os gráficos P-h obtidos para dois tempos de espera de 1 s e 60 s aplicados à região da dentina do dente pré-molar de um homem indiano de 35 anos. As experiências foram efectuadas com uma carga máxima constante de 100 mN. Os tempos de retenção referem-se especificamente aos tempos passados pela região da dentina da presente amostra sob o nanoindentador que já atingiu a carga máxima prescrita de 100 mN. Por outras palavras, nestas experiências, o processo de descarga começou após os segmentos de tempo de 1 s e 60 s terem sido correspondentemente terminados sob a carga máxima prescrita, como mencionado anteriormente.

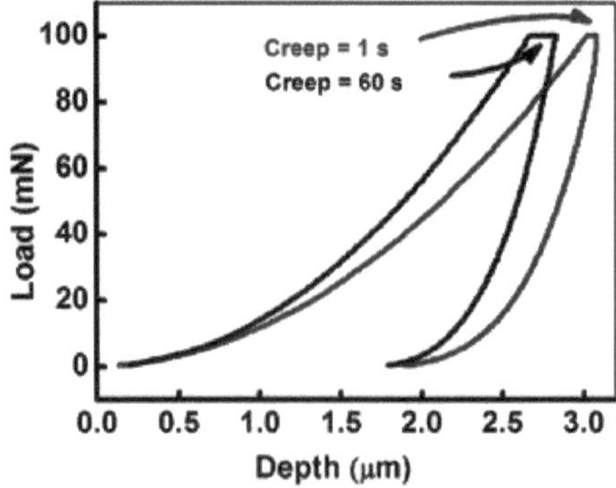

Fig. 9.1: Curvas carga-profundidade típicas em dois tempos de fluência diferentes, mantendo a carga constante a 100 mN.

A um tempo de espera mais elevado, por exemplo, 60 s sob a carga máxima dada de 100 mN, a parte de descarga do gráfico P-h mostra um declive que é mais alto do que o obtido no caso do gráfico P-h correspondente ao tempo de espera mais baixo de 1 s (Fig. 9.1). Estes dados sugerem que o módulo de Young da dentina deve aumentar com o aumento do tempo de espera na carga máxima de 100 mN. Além disso, no caso do tempo de espera de 60 s, a profundidade de penetração final é muito menor do que a obtida no caso em que o tempo de carga é de 1 s. Assim, a área de contacto projectada é menor e, consequentemente, a nanodureza é aumentada, uma vez que é avaliada como a razão entre a carga de pico e a área de contacto projectada.

Os dados apresentados na Fig. 9.2 mostram que a nanodureza da região da dentina aumenta em cerca de 15 % com o aumento do tempo de retenção de 1 s para 60 s. Da mesma forma, os dados apresentados na Fig. 9.3 mostram que com o aumento do tempo de retenção de 1 s para 60 s, o módulo de Young da região da dentina aumenta significativamente, por exemplo, em cerca de 33 %.

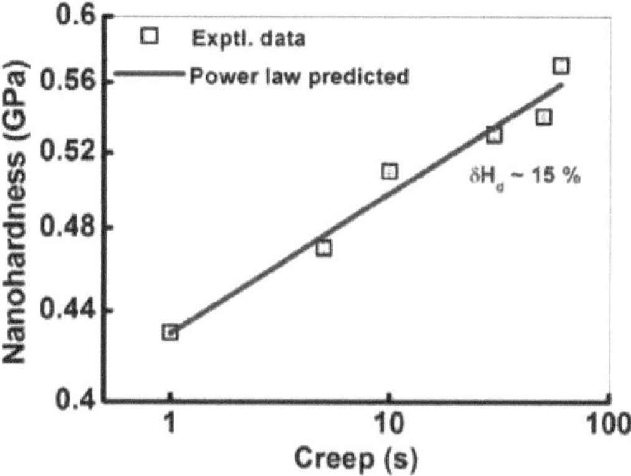

Fig. 9.2: Variação da nano-dureza em função do aumento do tempo de fluência, mantendo a carga constante a 100 mN.

Um ajuste de lei de potência empírica da forma, H = AT^{r1} . onde T se refere ao tempo de fluência e se refere ao expoente da lei de potência parece representar os dados bastante bem. As magnitudes de A e são dadas por 0,4298 e 0,064, respetivamente. Os dados do módulo de Young também se ajustam bem à equação da lei da potência e podem ser representados por E = BT\ onde T se refere ao tempo de fluência e X se refere ao expoente da lei da potência. As magnitudes de B e X são dadas por 14,71 e 0,0352, respetivamente. O correspondente

Os valores de R^2 para os gráficos H e E são ~1 e ~0,9, respetivamente. A razão destes aumentos na nano-dureza e no módulo de Young da dentina ainda não foi compreendida.

É necessária mais investigação para racionalizar esta observação. Tanto quanto sabemos, a quantidade de informação disponível na literatura aberta sobre a fluência da dentina parece estar longe de ser significativa.

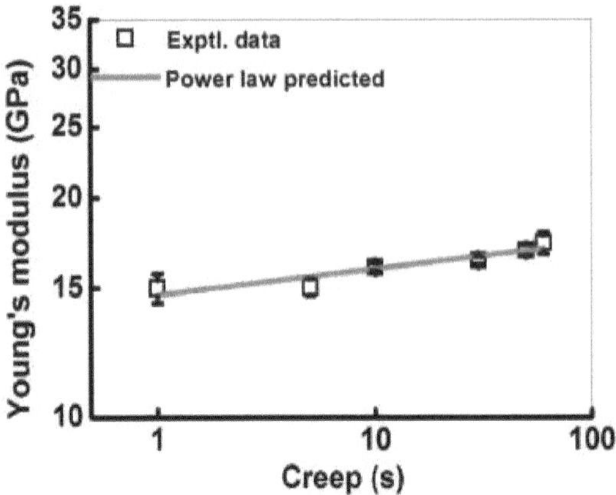

Fig. 9.3: Variação do módulo de Young em função do aumento do tempo de fluência mantendo a carga constante a 100 mN.

Além disso, no caso de um tempo de espera de 60 s, observa-se que a profundidade de penetração final é muito menor do que a obtida no caso em que o tempo de fluência é de 1 s (Fig. 9.4). Este facto pode ser facilmente observado a partir dos dados apresentados na Fig. 9.4. Assim, a área de contacto projectada (A_p) é menor (Fig. 9.4) e, consequentemente, a nanodureza é aumentada, uma vez que é avaliada como a razão entre a carga de pico e a área de contacto projectada. É interessante observar que, sob tempos de carga e descarga semelhantes e em diferentes tempos de retenção, o material sofre uma maior recuperação em tempos de fluência maiores.

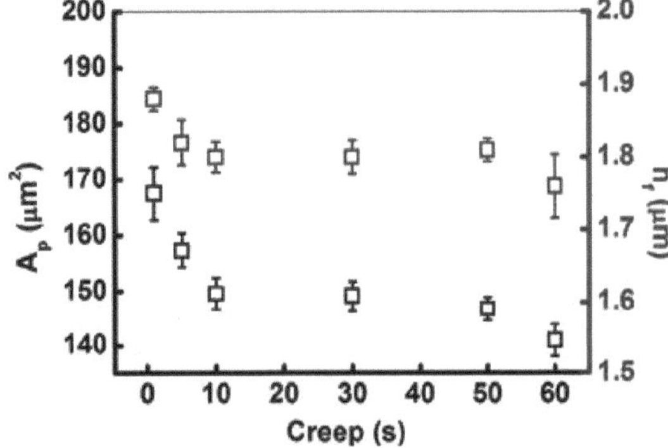

Fig. 9.4: As variações da área de contacto projectada e a profundidade final de penetração em função do aumento do tempo de fluência mantendo a carga constante a 100 mN.

A queda na área de contacto projectada implicará novamente que o material está a sofrer uma maior recuperação e, por conseguinte, a energia plástica gasta no processo de nanoindentação deverá diminuir com o aumento do tempo de fluência. De facto, a energia plástica (E_p) diminui cerca de 14% com o aumento do tempo de deformação, Fig. 9.5.

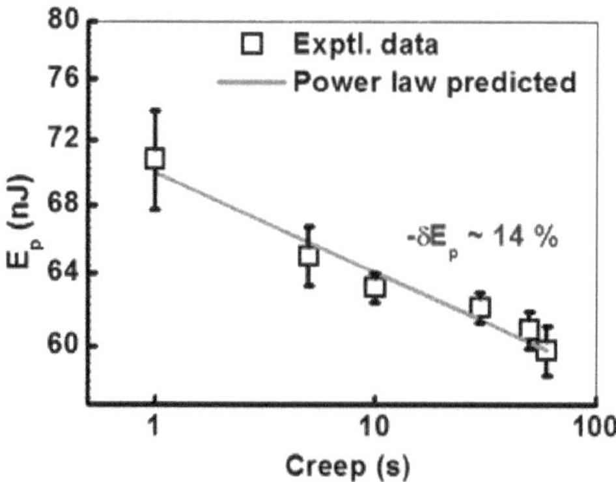

Fig. 9.5: *Variação da energia plástica em função do aumento do tempo de fluência.*

Um ajuste de lei de potência empírica da forma, $E_p = C\tau^\circ$, onde τ se refere ao tempo de fluência e o se refere ao expoente da lei de potência parece representar os dados bastante bem. O valor R2 do ajuste é ~1. As magnitudes de C e o são dadas por 69,94 e -0,038, respetivamente.

É bem conhecido [4, 5] que a dentina é um compósito híbrido micro/nano estruturado de cerâmica/polímero nano com uma microestrutura funcionalmente graduada, em que os blocos unitários individuais, por exemplo, a dentina intertubular tem cerca de 60-70 nm, as fibrilhas individuais são constituídas por bastonetes monocristalinos de HAP de 40 nm intercalados entre estruturas de hélices de colagénio de cerca de 1,5 por 8,5 nm e túbulos de dentina com cerca de 2-5 pm de diâmetro. Estas caraterísticas são representadas esquematicamente na (Fig. 9.6) juntamente com as do esmalte, apenas para completar a representação. As imagens SEM correspondentes

A fotomicrografia da região da dentina da presente amostra é mostrada na Fig. 9.7.

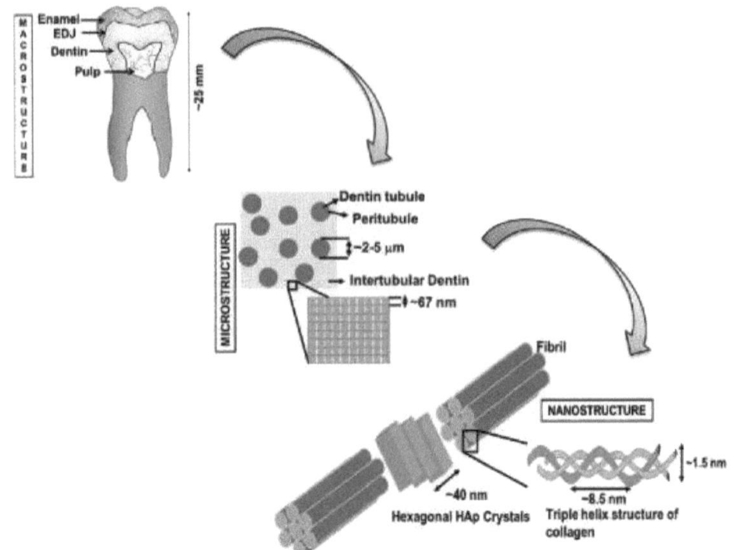

Fig. 9.6: Esquema da estrutura hierárquica do tecido dentário dos dentes.

Assim, com base nos factos descritos nas Fig. 9.6 e Fig. 9.7, sugere-se que, com um tempo de fluência mais elevado, as regiões micro/nano-microestruturais da dentina têm tempo suficiente para se reorganizarem e reajustarem para acomodar a tensão de desajuste aplicada externamente, criada devido ao processo prolongado de nanoindentação.

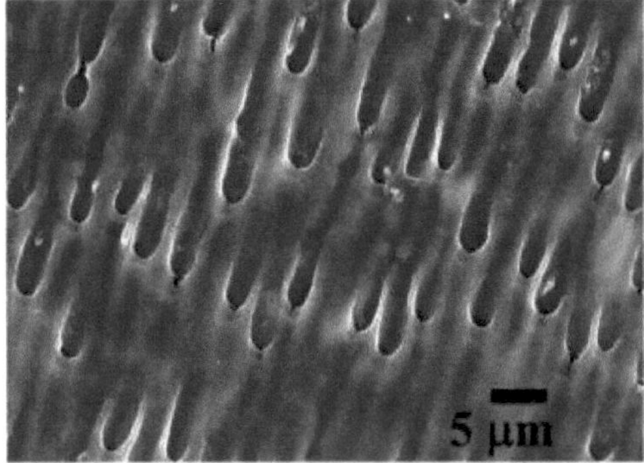

Fig. 9.7: Imagem SEM do tecido dentário gravado de dentes pré-molares humanos.

Como resultado, a recuperação elástica é maior do que a que seria possível para um tempo de fluência menor, por exemplo, 1 s. Uma vez que a recuperação elástica é maior, a profundidade de penetração final (hf) é menor, Fig. 9.4. Como a magnitude de hf é menor, uma quantidade relativamente menor de energia é finalmente gasta para causar a deformação permanente. É por isso que a quantidade de energia gasta para provocar a deformação plástica é relativamente menor do que a gasta para um tempo de fluência menor de 1s (Fig. 9.5). Além disso, o valor relativamente menor de hf assegura uma menor magnitude da área de contacto projectada (Fig. 9.4) e, por conseguinte, uma magnitude relativamente maior de nanodureza (Fig. 9.1). No entanto, será necessário efetuar mais estudos FESEM corroborativos das cavidades de nanoindentação e dos processos de deformação relacionados para verificar a validade das sugestões feitas no presente trabalho.

9.3 Comportamento de deformação da dentina durante 60 s de fluência

Em comparação com o presente no nanocompósito do esmalte, o conteúdo de material orgânico é relativamente muito mais elevado na dentina. Vários estudos, incluindo o nosso [6], descobriram que a dentina apresenta propriedades dependentes do tempo. Durante o tempo de retenção de 60 s, observa-se que há um aumento contínuo na profundidade de penetração, embora a carga seja mantida constante no seu valor máximo de 100 mN. Os dados apresentados na Figura 9.8 mostram a curva carga-tempo durante as experiências de fluência. Inicialmente, a carga é aumentada até ao seu valor máximo de 100 mN no espaço de 30 s após o início da aplicação da carga e a carga é mantida constante durante um período de tempo de 60 s. Assim que o período de 60 s termina, a carga é descarregada nos 30 s seguintes.

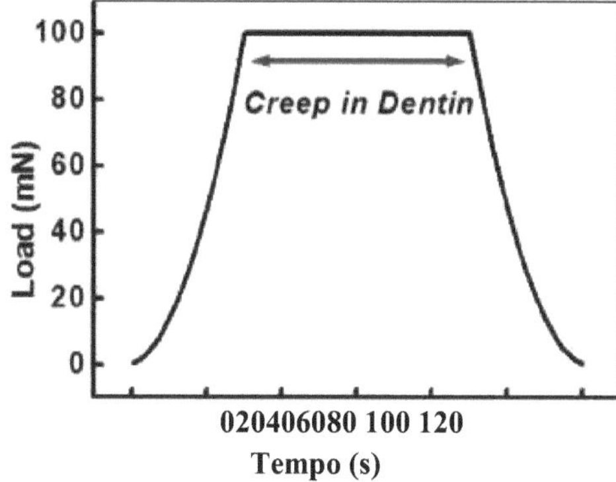

Tempo (s)

Fig. 9.8: *Gráfico típico de carga (P)-tempo (t) da dentina.*

Os dados apresentados na Figura 9.9 mostram a variação da nanodureza instantânea com o aumento do tempo de espera de 0 a 60 s. No entanto, aqui o 0th segundo começa aos 30th segundos e, uma vez que o tempo de fluência continua durante os 60 segundos seguintes, termina naturalmente aos 90th segundos. É por isso que, no eixo horizontal, os pontos de início e de fim são deliberadamente mantidos como 30 segundos e 90 segundos, apenas para indicar a continuidade do processo que começa exatamente quando o processo de carga termina aos 30th segundos após o início do processo de aplicação da carga durante as presentes experiências de nanoindentação.

Pode ser visto a partir dos dados apresentados na Fig. 9.9, que a nanodureza instantânea ($H_{inst\,(d)}$) começa a cair rapidamente com o aumento do tempo de fluência para os primeiros 10 segundos de fluência, então há uma taxa relativamente menor de queda em seu valor durante o período de tempo que vai de cerca de 10th a $20 /25^{thth}$ segundo (Fig. 9.9). Finalmente, para além desse período de tempo, a nanodureza instantânea fica saturada e não há uma grande alteração significativa na sua magnitude para um aumento adicional no tempo de fluência de cerca de $20 /25^{thth}$ segundos até aos 60th segundos (Fig. 9.9).

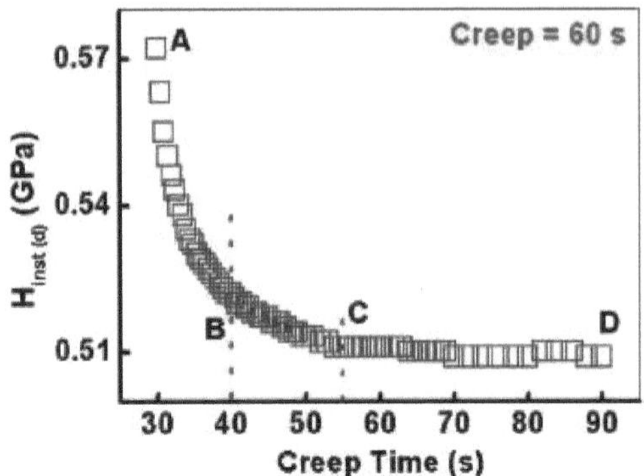

Fig. 9.9: Variação da nano-dureza instantânea durante 60 s de fluência.

Assim, como indicado pela linha vermelha a tracejado na Fig. 9.9, nos primeiros 10 segundos a taxa de queda na magnitude da nanodureza instantânea é elevada. A curva tem praticamente três regiões onde a taxa de variação da nanodureza pode ser atribuída a três valores. A taxa de variação da nanodureza para as três partes da curva AB, BC e CD é de ~ 0,01, 0,001 e 0,001 GPa.s^{-1} , respetivamente. É muito interessante compreender este tipo de resposta.

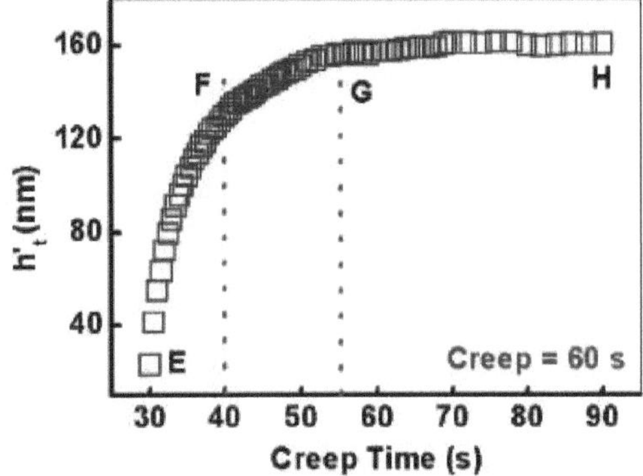

Fig. 9.10: Variação da profundidade de penetração relativa durante 60 s de fluência.

De acordo com o trabalho de [7], a profundidade de penetração relativa, h'$_t$, é calculada subtraindo a profundidade inicial à carga máxima das profundidades crescentes durante o período de retenção a esta carga. Estes dados relativos à profundidade de penetração são representados na Fig. 9.10 como uma função do tempo de espera. Também aqui se pode ver que, até aos primeiros 10 segundos (porção EF), a profundidade de penetração relativa aumenta muito rapidamente com o tempo de espera, por exemplo, a uma taxa de 10,62 nm.s^{-1} . No entanto, nos 10 a 15 segundos seguintes, a profundidade de penetração relativa diminui para cerca de 1,79 nm.s^{-1} , por exemplo, na região marcada como FG.

Finalmente, em instâncias de tempo subsequentes que vão de cerca de 25 a 60 segundos, ou seja, de cerca de 55th a 90th segundo; a taxa de aumento da profundidade de penetração relativa tornou-se impercetivelmente pequena, por exemplo, reduz-se a 0,13 nm.s^{-1} na região marcada como GH. Assim, a zona GH assume o significado de uma zona de saturação.

Com base nos dados da Fig. 9.10, a taxa de deformação é calculada de acordo com [7], utilizando o princípio de que a taxa de deformação não é mais do que a alteração na profundidade de penetração relativa por unidade de profundidade de penetração relativa dividida pela alteração correspondente no intervalo de tempo que produz esta alteração nas magnitudes da profundidade de penetração relativa.

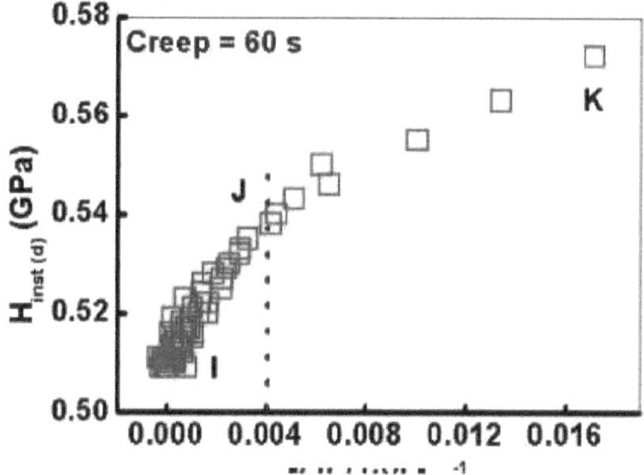

[(dh/dt)/hj s

Fig. 9.11: *Variação da nano-dureza instantânea com a taxa de deformação durante 60 s*

rastejar.

Assim, com base nos dados já apresentados nas Fig. 9.9 e 9.10, os dados apresentados na Fig. 9.11 mostram a variação da nanodureza instantânea em função das variações aplicadas na taxa de deformação. É interessante notar que a nanodureza instantânea aumenta com o aumento da taxa de deformação (Fig. 9.11). De acordo com o trabalho de [7], este comportamento pode ser explicado em termos de uma lei de potência empírica, por exemplo

$$H_{inst(d)} = A\,\dot{\varepsilon}^{\,m}$$
(9.1)

onde, $\dot{\varepsilon}$ é a taxa de deformação, m é o expoente da lei de potência e $H_{inst(d)}$ representa a nano-dureza instantânea da dentina e A é uma constante que deve ser determinada pelo ajuste dos dados experimentais à Eqn. 9.1.

Teoricamente, a sensibilidade da taxa de fluência, m, é o expoente da lei de potência que reflecte a capacidade de um material fluir devido à fluência. O material é considerado viscoso e exibe um fluxo newtoniano se m = 1. No caso de m < < 1, os valores muito pequenos sugerem que existe um forte fluxo de cisalhamento localizado no interior do material. Por outro lado, um valor de m > 1 sugere a presença de um fluxo viscoso não-newtoniano dominado pela deformação por fluência num determinado material.

É interessante notar que nas regiões IJ e JK, a lei de potência empírica se ajusta às relações:

$$H_{(inst)d} = 0.59\,\dot{\varepsilon}^{\,0.02} \quad (R^2 = 0.78)$$
(9.2)

E

$$H_{(inst)d} = 0.68\,\dot{\varepsilon}^{\,0.04} \quad (R^2 = 0.96)$$
(9.3)

Aqui, R^2 representa o grau de adequação do ajuste.

Assim, as sensibilidades à taxa de deformação da dentina humana utilizada no presente trabalho são muito baixas, por exemplo, 0,02 para uma taxa de deformação até 8×10^{-3} e 0,04 para uma gama de taxas de deformação superior a cerca de $8 \times 10 \text{ s}^{-3\text{-}1}$ até, por exemplo, 18×10 $\text{s}^{-3\text{-}1}$, sugerindo a possibilidade de deformação de cisalhamento localizada [7]. Neste contexto, pode notar-se que o esforço solitário de He e Swain [7] fornece uma sensibilidade à taxa de deformação de ~ 0,0113 para o nanocompósito de esmalte dentário humano.

Assim, os dados actuais parecem coincidir em termos da estimativa da ordem de grandeza da sensibilidade da taxa de fluência, embora, ao contrário do esmalte, a dentina humana seja um compósito micro/nano híbrido de cerâmica-polímero funcionalmente graduado com colagénio como a principal fase polimérica.

Uma análise dos dados apresentados na Fig. 9.11 também confirma que a taxa de variação da nanodureza instantânea com a taxa de deformação é comparativamente mais elevada até uma taxa de deformação limite de cerca de $8 \times 10 \text{ s}^{-3\text{-}1}$, por exemplo, na região IJ. Por outras palavras, o declive é de 5,22 GPa.s^{-1} na região IJ. Contudo, a taxas de deformação superiores a cerca de $8 \times 10 \text{ s}^{-3\text{-}1}$ até, por exemplo, $18 \times 10 \text{ s}^{-3\text{-}1}$, por exemplo, na região JK, o declive diminui ligeiramente para, por exemplo, ~2,24 GPa.s^{-1} .

9.4 Conclusões

O estudo acima referido relata o comportamento de fluência da dentina à temperatura ambiente. A resposta é muito importante para compreender a distribuição da tensão durante a carga de contacto e a longa vida útil dos dentes. Isto é fundamental para os tecidos duros naturais, uma vez que distribuem as tensões que aumentam rapidamente e actuam como uma almofada sob carga funcional. Além disso, o aumento da quantidade de componente orgânico possivelmente ajuda a dentina a ter uma maior capacidade de deslizamento em comparação com a do esmalte externo.

Referências

[1] Q. H. Qin e M. V. Swain, "A micro-mechanics model of dentin mechanical properties", Biomaterials 25 (2004) 5081-5090.

[2] R. G. Craig e F. A. Peyton, "The microhardness of enamel and dentin" (A microdureza do esmalte e da dentina), Journal of Dental Research 37 (1958) 661-668.

[3] T. Jafarzadeh, M. Erfan e D. C. Watts, "Creep and Viscoelastic behavior of Human Dentin", Journal of Dentistry 1 (2004) 5-14.

[4] D. Ziskind, M. Hasday, S. R. Cohen e H. D. Wagner, "Young's modulus of peritubular and intertubular human dentin by nano-indentation tests", Journal of Structural Biology 174 (2011) 23-30.

[5] J. H. Kinney, S. J. Marshall e G. W. Marshall, "The mechanical properties of human dentin: a critical review and re-evaluation of the dental literature", Critical Review of Oral Biology in Medicine 14 (2003) 13-29.

[6] N. Biswas, L. Khurana e A. K. Mukhopadhyay, trabalho não publicado.

[7] L. H. He e M. V. Swain, "Nanoindentation creep behavior of human enamel", Journal of Biomedical Materials Research A 91 (2009) 352-359.

> *Neste capítulo, observa-se que, com diferentes condições de carga, o tecido do esmalte e da dentina pode apresentar diferentes respostas à fluência. A estrutura tridimensional entrelaçada da dentina e do esmalte funciona de forma excelente, em coordenação entre si, proporcionando apoio e realizando o seu trabalho sem falhas. O esmalte e as suas propriedades estão a ser previstos a seguir através da utilização de vários modelos micromecânicos, que constituem o conteúdo principal do capítulo seguinte, ou seja, o capítulo 10.*

Apresenta as previsões detalhadas do módulo de Young do nanocompósito de esmalte utilizando várias abordagens das teorias micromecânicas de compósitos disponíveis na literatura.

10.1 Introdução: Motivação básica do presente trabalho

A Mãe Natureza criou materiais compósitos híbridos naturais nano-bio-cerâmicos-polímeros, como dentes, conchas e ossos, etc. Estes materiais são capazes de suportar impactos elevados repetidos sem sofrerem falhas catastróficas. A força e a resistência alcançadas pelos nanocompósitos naturais são geradas através de desenhos hierárquicos complexos. Estes materiais têm arranjos especializados de materiais em vários níveis de hierarquia e são principalmente nanocompósitos de matriz polimérica. A síntese de novos materiais estruturais que imitam as estruturas naturais tem dado origem a poucos avanços práticos devido à extrema dificuldade de replicação de estruturas tão complexas [1].

O conceito de misturas ou compósitos com partículas homogeneamente distribuídas na matriz pode ser aplicado não só a compósitos convencionais, mas também a materiais nanocristalinos. É muito importante na conceção e aplicação de materiais prever as propriedades mecânicas globais do compósito. Houve muitas tentativas para correlacionar as propriedades mecânicas globais do compósito e as propriedades dos seus constituintes [2-6].

Neste capítulo, assume-se que o complexo arranjo tridimensional do nanocompósito de esmalte é composto por nanocristais de HAP semelhantes a fibras, rodeados por uma fina camada de matriz orgânica. Estes cristalitos estão agrupados em estruturas prismáticas de maior escala, que estão ainda embebidas numa fina camada de matriz biopolimérica. A disposição típica dos prismas, conforme refletido na literatura, é que possuem um ângulo agudo em relação à junção dentina-esmalte (DEJ); no entanto, podem torcer-se ou mudar de direção quando a integridade estrutural é comprometida [7].

Neste caso, a experiência de nanoindentação é realizada na secção central da secção longitudinal cortada mesio-distalmente do esmalte dentário de um pré-molar mandibular. São efectuados conjuntos de nanoindentações na zona interior, média e exterior do esmalte. Aqui, a inclinação das hastes varia de paralela à DEJ até perpendicular à DEJ. Na zona interior do esmalte, as hastes encontram-se paralelas ao DEJ. À medida que nos movemos em direção à região exterior do esmalte, a orientação das hastes muda gradualmente de ângulo agudo para obtuso e, no esmalte exterior, as hastes ficam perpendiculares à junção dentina-esmalte [7]. Assim, um valor médio do módulo de Young é calculado a partir dos dados experimentais e utilizado para a previsão por vários modelos.

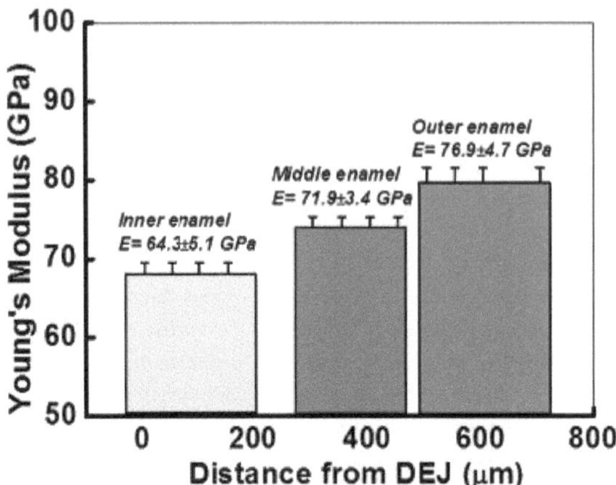

Fig. 10.1 : *O módulo de Young médio nas regiões interior, média e exterior do esmalte.*

Os dados apresentados na Fig. 10.1 dão-nos a tendência da resposta apresentada pelo nanocompósito a uma carga constante de 100 mN e a um tempo de 30 segundos. São efectuadas cinco linhas de indentação, cada uma contendo dez indentações, nas três regiões do nanocompósito de esmalte. O módulo de Young varia de ~ 64 GPa para 77 GPa à medida que nos deslocamos da zona interior para a zona exterior do esmalte. Assim, observa-se um aumento de 33% no valor do módulo de Young.

10.2 Teoria

Existem várias abordagens para a previsão dos dados do módulo de Young utilizando muitas teorias de compósitos. Os módulos previstos são depois comparados com os dados experimentais. As propriedades mecânicas (rigidez e resistência) são as mais elevadas ao longo da direção da fibra e a 90^0 da fibra existem propriedades mais baixas, com alguma variação entre elas à medida que o ângulo varia de 0^0 a 90^0 . Para acomodar a carga em várias direcções, é necessária uma orientação múltipla das fibras para alcançar o equilíbrio adequado entre resistência e rigidez [8].

Neste contexto, é importante compreender como é que as propriedades variam quando a proporção da fibra e da matriz muda. É então um desafio desenvolver a relação das propriedades do material compósito com as propriedades dos constituintes.

As teorias micromecânicas devem ser sempre validadas por um trabalho experimental cuidadoso. As duas abordagens básicas à micromecânica dos materiais compósitos são [8]:

(10.2a) Mecânica dos Materiais (10.2b) Elasticidade

A abordagem da mecânica dos materiais (ou da força dos materiais ou da resistência dos materiais) incorpora o conceito habitual de simplificar muito os pressupostos relativos ao comportamento hipotético do sistema mecânico. A abordagem da elasticidade oferece pelo menos três abordagens [8]:

(10.2bi) Princípio dos limites

(10.2bii) Soluções exactas

(10.2biii) Soluções aproximadas

O objetivo de todas as abordagens micromecânicas é determinar os módulos elásticos de um material compósito em termos dos módulos elásticos dos materiais constituintes.

(10.2a) Abordagem da Mecânica dos Materiais à rigidez

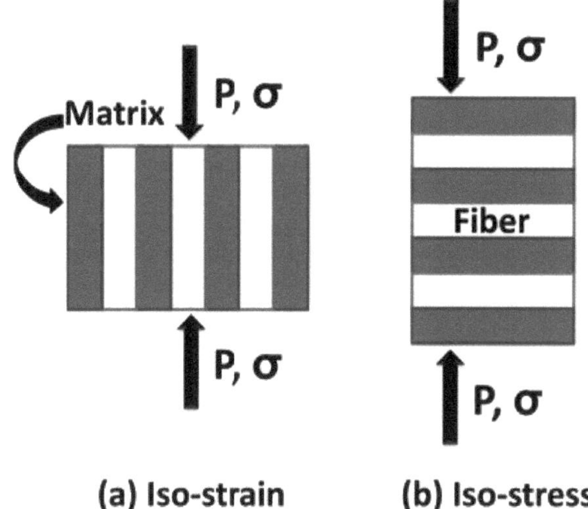

*Fig. 10.2: **Diagrama** esquemático mostrando (a) modelos de iso-deformação (Voigt) e (b) iso-deformação (Reuss).*

O modelo Voigt

Neste caso, assume-se que as deformações na fibra e na matriz são as mesmas. O módulo de Young aparente (E_1) do material compósito na direção das fibras (iso-deformação) é dado por

$$E_1 = E_h V_h + E_m V_m \qquad (10.1)$$

Este modelo é conhecido como modelo Voigt [3].

Aqui,

E_h = módulo de Young da fibra HAP

E_m = módulo de Young da matriz proteica

V_h = fração volumétrica da fibra de HAP

V_m = fração volumétrica da matriz proteica

O modelo Reuss

A partilha de carga entre a fibra e a matriz também pode ser vista como um modelo simples de molas em paralelo. Por conseguinte, se todas as molas se deformarem na mesma quantidade e se $k_h \gg k_m$, (k_h, k_m são as constantes de mola da fibra e da matriz, respetivamente), então a mola da fibra absorve a maior parte da carga aplicada. Sob tal condição, o módulo de Young aparente (E_2) do material compósito na direção transversal às fibras é dado por:

$$E_2 = E_h E_m / (E_h V_m + E_m V_h) \qquad (10.2)$$

Este modelo é conhecido como modelo de Reuss [4].

As tensões transversais não são as mesmas porque v_h e v_m não são iguais. Aqui v_h e v_m representam os coeficientes de Poisson da fibra e da matriz, respetivamente. Se o coeficiente de Poisson for diferente, são induzidas tensões longitudinais na fibra e na matriz, acompanhadas de tensões de corte na fronteira fibra-matriz.

(10.2b) Abordagem da elasticidade à rigidez:

(10.2bi) Os princípios da energia variacional [9]

Os princípios variacionais de energia [9] da teoria clássica da elasticidade determinam os limites superior e inferior dos módulos da lâmina. No entanto, esta abordagem conduz geralmente a limites que podem não ser suficientemente próximos para utilização prática.

Além disso, as suposições feitas em tais análises relativamente à interação fibra-matriz não são realmente realistas. Por conseguinte, são utilizadas abordagens mais realistas e interessantes que incluem a interação fibra-matriz para a previsão do módulo de elasticidade do material compósito.

(10.2bii) Soluções de elasticidade com contiguidade

No fabrico de materiais compósitos fibrosos, as fibras são muitas vezes colocadas de forma aleatória, em vez de estarem agrupadas numa matriz regular. Este carácter aleatório é muito mais típico das fibras com diâmetros muito pequenos. Assim, as análises para os módulos de materiais compósitos com matrizes regulares têm de ser modificadas para ter em conta o facto de as fibras serem contíguas, ou seja, de as fibras se tocarem umas às outras em vez de estarem inteiramente rodeadas pelo material da matriz.

Mas, em muitos casos, as fibras não se tocam. Pelo contrário, algumas são contíguas e outras não. Se C denota o grau de contiguidade, então C=0 corresponde a nenhuma contiguidade (fibras isoladas) e C=1 corresponde a contiguidade perfeita (todas as fibras em contacto).

Naturalmente, com fracções volumétricas elevadas de fibras, C ~1.

A previsão do módulo de Young também é efectuada utilizando o "Modelo de Contiguidade" [10]. Neste modelo, uma situação em que as barras nanocristalinas de HAP podem ou não tocar umas nas outras é resolvida pelo fator 'C' que denota o grau de contiguidade.

Por exemplo, C = 0 corresponde a uma situação em que os varões nanocristalinos de PAH de reforço estão isolados e não se tocam de todo. Do mesmo modo, C = 1 corresponde a uma situação em que as barras nanocristalinas de PAH de reforço estão todas em contacto perfeito umas com as outras.

Assim, o módulo de Young (E_2) transversal à direção da orientação das barras nanocristalinas de HAP, é dado por [21]:

$$E_2 = 2\left[1 - v_h + (v_h - v_m)V_m\right]\left[(1-C)\frac{B_h(2B_m + G_m) - G_m(B_h - B_m)V_m}{(2B_m + G_m) + 2(B_h - B_m)V_m} + C\frac{B_h(2B_m + G_h) + G_h(B_m - B_h)V_m}{(2B_m + G_h) - 2(B_m - B_h)V_m}\right] \quad (10.3)$$

onde,

$$B_h = E_h/2(1-v_h) \quad (10.4)$$

$$B_m = E_m/2(1-v_m) \quad (10.5)$$

$$G_h = E_h/2(1+v_h) \quad (10.6)$$

$$G_m = E_m/2(1+v_m) \quad (10.7)$$

Aqui, C situa-se entre 0 e 1. Além disso, as quantidades Eh, B_h , Gh e v_h representam, respetivamente, o módulo de Young, o módulo de massa, o módulo de cisalhamento e o rácio de Poisson das barras de HAP nanocristalinas de reforço. Do mesmo modo, Em, Bm, Gm e vm são as quantidades que representam, respetivamente, o módulo de Young, o módulo de massa, o módulo de corte e o coeficiente de Poisson da matriz de bioproteínas no nanocompósito de esmalte. Os valores para v_h e vm são, respetivamente, 0,27 e 0,38 da literatura [10, 11].

Do mesmo modo, os valores do módulo de elasticidade (E_1) numa direção paralela à direção de orientação dos varões nanocristalinos de HAP são dados pela "regra modificada das misturas" [3]:

$$E_1 = k(E_h V_h + E_m V_m) \tag{10.8}$$

onde, $'k'$ $(0.9<k<1)$ representa o grau de desalinhamento dos varões nanocristalinos de HAP de reforço. A influência do módulo da fibra é mais sentida pelo módulo do compósito na direção da fibra, E_1. Por outro lado, o módulo do compósito transversal à direção da fibra, E_2, é mais fortemente influenciado pelo módulo da matriz.

(9.2biii) As equações de Halpin Tsai

Halpin e Tsai [12] desenvolveram um procedimento de interpolação que é uma representação aproximada de resultados micromecânicos mais complicados. A vantagem do procedimento é que é simples e permite a generalização de resultados micromecânicos geralmente limitados, embora mais exactos. Halpin-Tsai mostrou que a solução de Herman [13] que generaliza o modelo auto-consistente de Hill [14] pode ser reduzida à forma aproximada:

$$E_1 \cong E_h V_h + E_m V_m \tag{10.9}$$

E

$$\frac{E_2}{E_m} = \frac{1 + \xi \eta V_h}{1 - \eta V_h} \tag{10.10}$$

Aqui, ξ é a medida do reforço de fibra do material compósito que depende da geometria da fibra, da geometria do empacotamento e das condições de carga. A única dificuldade na utilização das equações de Halpin-Tsai parece estar na determinação de um valor adequado para ξ

Para a direção transversal, ou seja, para $E_{,2}$ ξ é dado por *(a i*

$$\zeta = 2\left(\frac{a}{b}\right) \tag{10.11}$$

em que a/b é a relação de aspeto da secção transversal retangular para um reforço. Para valores pequenos de S, as fibras não são muito eficazes, enquanto que para valores grandes as fibras são extremamente eficazes no aumento da rigidez do compósito acima da rigidez da matriz.

Os valores limite de q são:

η = 1, para inclusões rígidas

η = 0, para material homogéneo

η = -1/ £, para vazios.

O termo V_f^{η} na Eqn. 10.10 pode ser interpretado como uma fração reduzida de volume de fibra. A palavra "reduzida" é utilizada porque $\eta \leq 1$.

Há muita controvérsia associada às análises e previsões micro-mecânicas. Grande parte da controvérsia tem a ver com as aproximações que devem ser utilizadas. As equações de Halpin-Tsai são igualmente aplicáveis a compósitos de fibras, fitas ou partículas e parecem ser uma abordagem comummente aceite [12].

(10.3) Modelo de corrente de tração e corte

Jager e Fratzl [15] trabalharam na estimativa do módulo de Young na disposição escalonada das fibrilhas ósseas. Existem também observações experimentais de várias nanoestruturas de materiais biológicos [16, 17]. Com base nestas observações teóricas [15] e experimentais [16,

17], é proposto um modelo de cadeia de tensão e cisalhamento (TSC) [18, 19].

É óbvio que a matriz proteica macia não suporta qualquer carga, particularmente nas zonas de tração perto das extremidades dos cristais minerais, que são muito mais duros e possuem rácios de aspeto muito mais elevados. Assim, o cisalhamento da matriz proteica entre os lados longos das plaquetas minerais realiza principalmente o processo de transferência de carga e, consequentemente, de tensão. Assim, a parte de leão da tensão de tração aplicada externamente é suportada pelas plaquetas minerais. No entanto, a matriz proteica cisalha-se para transferir a carga de um cristal mineral para outro na vizinhança.

Este processo concetual ajuda a dar uma imagem do processo de transferência de carga para um sistema de molas em série unidimensional. As molas são constituídas por elementos minerais. Estes estão num estado de tensão. Imagina-se que flutuam numa estrutura unidimensional de elementos proteicos. Estes elementos são capazes de se cisalhar como e quando necessário.

Para materiais biológicos [18, 19], o modelo TSC funciona como estrutura primária. O grande rácio de aspeto das plaquetas minerais faz com que a quantidade p seja grande e, por conseguinte, ajuda a tornar a rigidez do compósito muito mais elevada do que a da matriz. Além disso, o rácio de aspeto mais elevado ajuda a distribuir a força transferida entre as plaquetas por uma grande região de cisalhamento. Como consequência deste processo, a matriz bio-proteica é exposta a uma tensão mínima, se é que o é.

Para utilizar o modelo TSC para analisar o efeito da matriz proteica no módulo do esmalte prismático, é necessário efetuar uma modificação ao modelo original. Este exercício foi efectuado por Zhou e Hsiung [20]. Estes autores alteraram a forma do componente mineral de polígono para cilindro [20]. No processo, obtiveram o módulo de Young do nanocompósito de esmalte como Ee [20]:

$$E_e = (V_h^2 E_h G_m \rho^2)/[\{4(1-V_h)/E_h\}+G_m V_h \rho^2] \tag{10.12}$$

Na Equação (10.12) p é a razão de aspeto das barras de cristal HAP. Aqui, a razão de aspeto traduz-se na razão entre o comprimento e o raio. Todos os outros parâmetros já estão definidos e Gm é o módulo de cisalhamento da fase da matriz bio-proteica.

10.3 Pormenores dos trabalhos por etapas

Apresenta-se de seguida um pormenor passo a passo da forma como o trabalho de modelação é efectuado. *PASSO 1:* É calculada a média do valor do módulo de Young em três regiões diferentes do nanocompósito de esmalte. Os valores obtidos são 64,3±5,1 GPa, 71,9±3,4 GPa e 76,9±4,7 GPa para as zonas interior, média e exterior do esmalte, respetivamente.

ETAPA 2: Os vários valores de propriedades utilizados nas fórmulas são então pesquisados em várias literaturas.

E_h = módulo de Young da fibra HAP = 114 GPa [21]

E_m = módulo de Young da matriz proteica = 4,3 GPa [22]

V_h = a fração volumétrica de HAP é feita para variar de 0 a 100 por cento

V_m = fração volumétrica da matriz também é feita para variar de 0 a 100 por cento

v_h = O rácio de Poissons da fibra HAP é considerado como sendo 0,27 [10]

v_m = O rácio de Poissons da matriz proteica é considerado como sendo 0,38 [11].

A natureza da proteína do esmalte necessita ainda de mais investigação e não existem dados disponíveis na literatura relativamente ao coeficiente de Poisson da matriz proteica do esmalte.

No entanto, uma vez que a natureza da proteína do esmalte é semelhante à da proteína da queratina, o seu valor é aqui considerado em vez de proteína do esmalte.

Como já foi referido, "C" indica o grau de contiguidade. Assim, C = 0 corresponde à ausência de contiguidade, ou seja, as fibras HAP estão todas isoladas umas das outras. Mais uma vez, C = 1 garante que todas as fibras estão em contacto umas com as outras. Neste caso, assume-se C = 0,1, uma vez que a maior parte das barras de HAP estão rodeadas por uma fina camada de matriz proteica. Por conseguinte, é quase óbvio que, em termos ideais, C deve ser considerado zero. No entanto, pode haver algumas fibras que se tenham tocado umas às outras. Assim, esse pequeno número de fibras de HAP que se tocam entre si é tido em conta tomando C = 0,1.

As outras quantidades são:

k = o fator de desalinhamento da fibra varia normalmente entre 0,9 e 1. Neste caso, considerámos 0,9.

Kh = Módulo de elasticidade da fibra = 78,08 GPa (calculado a partir do módulo de Young correspondente e do rácio de Poisson pela teoria da elasticidade).

K_m = Módulo de massa da matriz proteica = 3,47 GPa (calculado a partir do módulo de Young correspondente e do rácio de Poisson pela teoria da elasticidade).

G_h = Módulo de cisalhamento da fibra = 44,88 GPa (calculado a partir do módulo de Young correspondente e do coeficiente de Poisson pela teoria da elasticidade).

Gm = Módulo de cisalhamento da matriz proteica = 1,56 GPa (calculado a partir do módulo de Young correspondente e do rácio de Poisson pela teoria da elasticidade).

ξ = Uma medida de reforço de fibra do material compósito = 10 [8].

η = 1 para inclusões rígidas [8, 12].

ρ = rácio comprimento/raio (rácio de aspeto) da fibra HAP = 10 [20].

PASSO 3: Utilizando os valores de E_h e E_m e alterando os valores de v_h de 0 a 100, os valores são representados de acordo com a "Regra das Misturas" e os dados experimentais são comparados com os dados previstos teoricamente. Além disso, v_m é calculado como 1- v_h.

PASSO 4: A abordagem de contiguidade é a próxima a ser utilizada. Aqui, em primeiro lugar, os valores necessários dos vários módulos da fórmula são calculados individualmente. No passo seguinte, são aplicados vários valores de C para ver qual é o mais adequado.

Esta abordagem também tem duas fórmulas, uma para a carga aplicada na direção paralela à direção da fibra. O módulo de Young do compósito correspondente é considerado como o módulo de Young longitudinal. A outra formulação considera a carga aplicada na direção perpendicular à orientação da fibra. O correspondente módulo de Young do compósito é considerado como o módulo de Young transversal.

Os dados relativos ao módulo de Young transversal e longitudinal são depois representados num único gráfico. Finalmente, os dados experimentais são comparados com os dados previstos teoricamente.

PASSO 5: Halpin e Tsai [12, 13] desenvolveram um procedimento de interpolação simples. Este procedimento permite a generalização de resultados micromecânicos normalmente limitados, embora mais exactos. Além disso, este procedimento dá resultados corretos se a fração volumétrica da fibra não se aproximar de 1. Este procedimento não é útil no nosso caso, uma vez que as fibras HAP têm mais de 95 % em peso. Neste caso, o fator de reforço das fibras 'ξ' é considerado como sendo 10.

PASSO 7: O modelo TSC explora o efeito da fraca matriz proteica rica em amelogenina no comportamento mecânico global do nanocompósito prismático de esmalte. O rácio de aspeto 'p' utilizado para prever os valores foi considerado como 10, o que proporcionou melhores previsões. Zhou e Hsiung [20] previram que o rácio de aspeto dos cristais de HAP se situará num intervalo que vai de 10 a 50.

Também forneceram [20] uma orientação importante relativamente ao módulo de Young do biocompósito e mostraram que este é mais sensível quando a proteína se torna fraca, e a sensibilidade aumenta com o aumento da relação de aspeto, o que sugere que as propriedades mecânicas de um biocompósito podem ser simplesmente controladas através da variação da relação de aspeto [20].

10.4 Previsões

Os dados apresentados na Fig. 10.3 mostram as previsões dos dados do módulo de Young do nanocompósito de esmalte na direção das fibras de HAP (por exemplo, o módulo de Voigt) e também transversalmente à direção das fibras (por exemplo, o módulo de Reuss). Os dados experimentais estão bem dentro dos limites previstos pela "regra das misturas".

O modelo de Reuss, que fornece o módulo transversal à direção da fibra, dá melhores previsões do que o modelo de Voigt. A fração volumétrica da fibra de HAP está bem abaixo dos dados referidos na literatura e situa-se no intervalo de 0,55 a 0,66 no caso do modelo de Voigt. As previsões feitas de acordo com o modelo de Reuss correspondem bem à fração volumétrica, que se situa no intervalo de 0,97 a 0,98.

Em todos os gráficos representados, E1 e E2 indicam os dados previstos para o módulo de Young paralelo e perpendicular à direção da fibra HAP. $\overline{E_e}^1$ representa os dados experimentais para o módulo de Young da experiência de nanoindentação. Os subscritos em $\overline{E_e}$, que são "i, m e m", indicam as regiões interior, média e exterior do esmalte, respetivamente. Os outros subscritos em $\overline{E_e}$, que são 1 e 2, indicam os dados experimentais relativos à direção paralela e perpendicular às fibras.

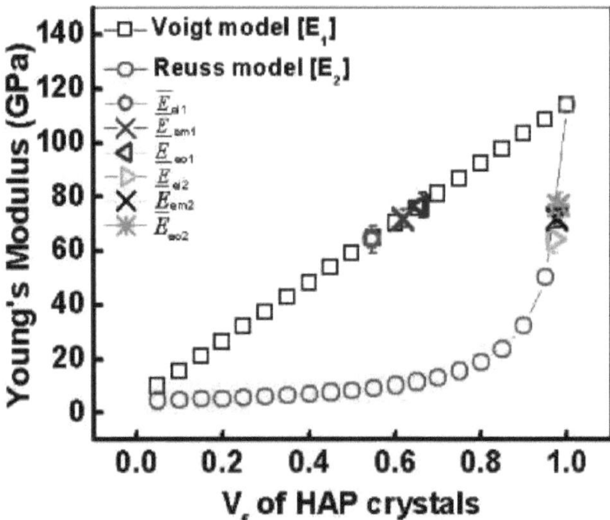

Fig. 10.3: *Previsão do módulo de Young do nanocompósito de esmalte dentário de pré-molar humano através da "Regra das Misturas".*

A previsão do módulo de Young também é efectuada utilizando a teoria da contiguidade, como mostram os dados apresentados na Fig. 10.4. Aqui, a previsão na direção da fibra é melhor do que a prevista pelo modelo de Voigt. Aqui, os dados previstos situam-se no intervalo em que a fração volumétrica da fibra HAP varia entre 0,61 e 0,74 e o fator de desalinhamento k é tomado como 0,9.

A previsão transversal à direção da fibra também é bastante boa, uma vez que se verifica que a fração de volume do HAP se situa no intervalo entre 0,96 e 0,97. A previsão transversal com um fator de contiguidade de 0,1 parece corresponder bastante à prevista pelo modelo de Reuss.

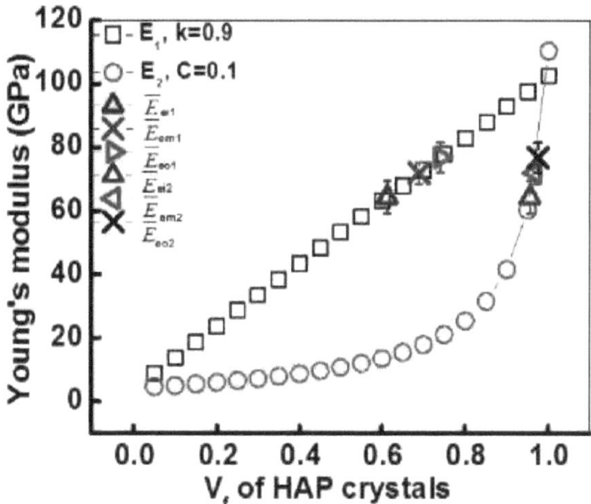

Fig. 10.4: *Previsão do módulo de Young do nanocompósito de esmalte dentário do pré-molar humano através da "Teoria da Contiguidade".*

Os dados apresentados na Fig. 10.5 mostram as previsões dadas pelas equações de Halpin-Tsai. As previsões feitas ao longo da direção longitudinal coincidem, de facto, com o modelo de Voigt, pelo que se vê que a previsão se situa muito abaixo dos dados experimentais. As previsões transversais dão novamente melhores resultados, uma vez que a fração volumétrica dos cristais de HAP se situa no intervalo de 0,95 a 0,97.

Aqui o fator E, que denota o reforço de fibra, e é o dobro da razão de aspeto da secção transversal retangular, desempenha um papel muito importante na previsão dos dados. E, é considerado 10, o que significa que a relação de aspeto da secção transversal retangular é 5. Está muito abaixo da gama de relações de aspeto prevista por Zhou e Hsiung [20].

Se forem tomadas razões de aspeto mais elevadas, as previsões também não são boas. Isto pode também dever-se ao facto de aqui a relação de aspeto ser tomada para um retângulo e não para um cilindro.

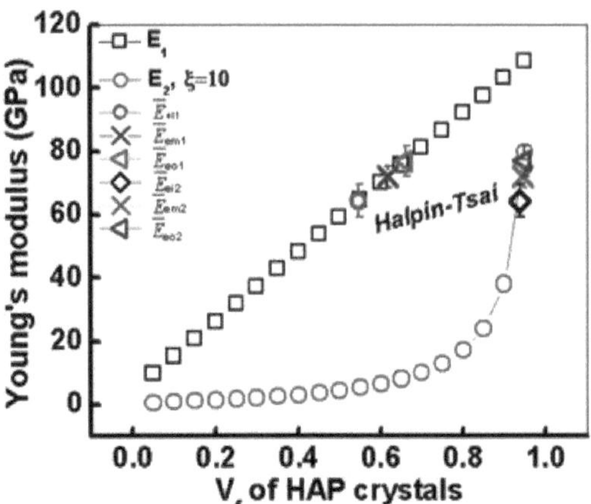

Fig. 10.5: *Previsão do módulo de Young do nanocompósito de esmalte dentário do pré-molar humano pelo "Modelo Halpin-Tsai".*

Por último, o modelo de cadeia de cisalhamento por tensão é utilizado para prever os valores do módulo de Young do nanocompósito de esmalte. Os dados correspondentes são apresentados na Fig. 10.6. As previsões são bastante boas. A fração volumétrica dos cristais de HAP varia de 0,91 a 0,93 à medida que passamos das regiões interiores para as exteriores do esmalte. Além disso, o modelo TSC inclui o facto de a força aplicada ser de tração, ou seja, na direção da fibra, pelo que o módulo de Young previsto é E1 (por exemplo, o módulo longitudinal).

Todos os outros modelos não conseguiram prever o módulo de Young na direção da fibra de forma mais adequada do que o modelo da cadeia de cisalhamento por tensão. Existem relatórios disponíveis que afirmam que o esmalte é constituído por ~ 92-94 % de cristais de HAP [23]. O modelo TSC também prevê os dados num intervalo semelhante, por exemplo, o volume % de cristais HAP varia entre 0,91 e 0,93. Isto mostra que este modelo fornece previsões muito melhores e mais próximas em comparação com as dos outros modelos aqui utilizados.

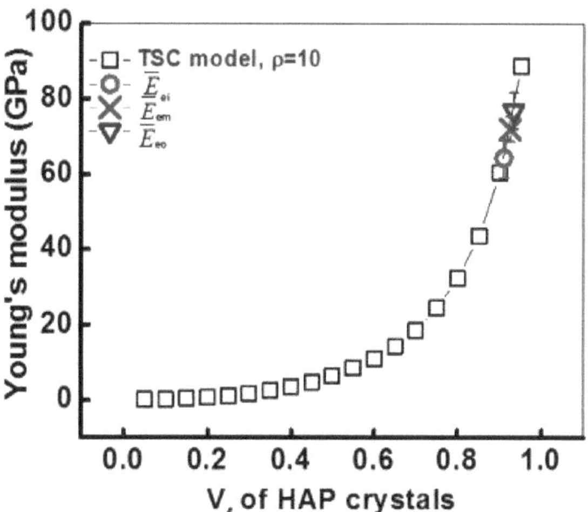

Fig. 10.6: *Previsão do módulo de Young do nanocompósito de esmalte dentário de pré-molar humano através do "modelo de cadeia de tensão-corte".*

10.5 Conclusões

A previsão dos dados do módulo de Young é efectuada utilizando o modelo de Voigt, o modelo de Reuss, a abordagem da contiguidade, as equações de Halpin-Tsai e, finalmente, o modelo da cadeia de cisalhamento por tensão. Os dados previstos corresponderam bastante bem quando as direcções de carga são consideradas transversais às fibras (condições de iso-tensão). No entanto, o modelo mais recente da cadeia de cisalhamento por tensão prevê o módulo de Young mais próximo dos dados experimentais, mas na direção longitudinal.

Referências

[1] E. Munch, M. E. Launey, D. H. Alsem, E. Saiz, A. P. Tomsia e R. O. Ritchie, "Tough, Bio-inspired Hybrid Materials", Science 322 (2008) 1516-1520.

[2] H. S. Kim, "On the rule of mixtures for the hardness of particle reinforced composites", Materials Science and Engineering A 289 (2000) 30-33.

[3] W. Voigt, "About the relationship between the two elastic constants of isotropic body," Philosophical Transactions, 38 (1889) 573-587.

[4] A. Reuss e Z. Angew, "Calculation of the yield strength of solid solution due to the plasticity condition of single crystals," ZAMM- Journal of Applied Mathematics and Mechanics, 9 (1929) 49-58.

[6] R. Hill, "The elastic behavior of a crystalline aggregate," Proceedings of the Physical Society A, 65 (1952) 349-354. Fibrilas de Colagénio Mineralizado: A Mechanical Model with a Staggered Arrangement of Mineral Particles, I. Jager e P. Fratzl, Biophysical Journal 79 (2000) 1737-1746.

[7] L. M. Simmons, M. Al-Jawad, S. H. Kilcoyne e D. J. Wood, "Distribution of enamel crystallite orientation through an entire tooth crown studied using synchrotron X-ray diffraction", European Journal of Oral Sciences 119 (2011) 19-24.

[8] R. M. Jones, "Mechanics of Composite Materials", 2nd edition, 1999, Taylor and Francis Publication, U.S.A.

[9] B. Paul, "Prediction of Elastic constants of Multiphase materials", Transactions of the Metallurgical Society of AIME, (1960) 36-41.

[10] J.B. Park e R.S. Lakes, "Biomaterials: An introduction, in Ceramic implant materials," 1979 Plenum Press, New York, 1992, pg 125.

[11] A. Franck, G. Cocquyt, P. Simoens, N. D. Belie, "Biomechanical Properties of Bovine Claw Horn," Biosystems Engineering, vol. 93, no. 4, pp. 459-467, 2006.

[12] J. C. Halpin e S. W. Tsai, "Effects of Environmental Factors on Composite Materials", outubro de 1968, pp. 488-497.

[13] J. J. Hermans, "The Elastic Properties of Fiber Reinforced materials when the Fibers are aligned", proceedings of the Koninklijke Nederlandse Akademie van Wettenschappen, Amsterdam, Series B, vol 70, No. 1, 1967, pp1-9.

[14] R. Hill, "Theory of Mechanical Properties of Fibre-Strenghthened Materials - III", Self-Consistent Model, Journal of the Mechanics and Physics of Solids, agosto de 1965, pp 189-198.

[15] I. Jager e P. Fratzl, "Mineralized collagen fibrils: a mechanical model with a staggered arrangement of mineral particles", Biophysics Journal, 79 (2000) 1737-1746.

[16] W. J. Landis, "The strength of a calcified Tissue depends in part on the molecular structure and organization of its constituent mineral crystals in their organic matrix", Bone, 16 (1995) 533-544.

[17] R. Menig, M. H. Meyers, M. A. Meyers e K. S. Vecchio, "Quasi-static and dynamic mechanical response of Haliotis rufescens (abalone) shells", Ata Materialia, 48 (2000) 2383-2398.

[18] H. Gao, B. Ji, I. L. Jager, E. Arzt, e P. Fratzl, Proc. Natl. Acad. Sci. U.S.A. 100, 5597 2003.

[19] B. Ji e H. Gao, "Mechanical properties of nanostructure of biological materials", Journal of Mech. Phys. Solids, 52 (2004) 1963-1990.

[20] J. Zhou e L. L. Hsiung, "Biomolecular origin of the rate-dependent deformation of prismatic enamel", Applied Physics Letters, 89 (2006) 051904.

[21] J. L. Katz, "Hard tissue as a composite material. I. Bounds on the elastic behavior", Journal of Biomechanics 1971;4:455-473.

[22] J. Jhou e L. L. Hsiung, "Depth-dependent mechanical properties of enamel by nanoindentation" (Propriedades mecânicas do esmalte dependentes da profundidade por nanoindentação), 2006, Wiley Periodicals.

[23] J. Hicks, F Garcia-Godoy e C. Flaitz, "Biological factors in dental caries enamel structure and the caries process in the dynamic process of demineralization and remineralization (part 2)", The Journal of Clinical Pediatric Dentistry, 28 (2004) 119124.

Os resultados apresentados neste capítulo mostram até que ponto os dados experimentais do módulo de Young do nanocompósito de esmalte são previstos pelos modelos clássicos e pelos modelos recentemente propostos. Chegou agora o momento de fazer um resumo de todo o estudo. Estas conclusões são apresentadas no próximo capítulo, ou seja, no capítulo 11.

Capítulo 11

Conclui as conclusões do presente estudo do comportamento de contacto estático do dente biológico.

11.1 Resumo e conclusões do presente estudo

O presente estudo reuniu conhecimentos sobre a deformação por contacto estático dos tecidos do esmalte dentário e da dentina através de experiências de nanoindentação. Tanto quanto sabemos, esta é a primeira abordagem de um estudo holístico da deformação induzida por contacto estático do dente humano em geral e do dente indiano, em particular.

A avaliação simultânea da nano-dureza (H), do módulo de Young (E) e da tenacidade à fratura (K_{IC}) na vizinhança da zona DEJ para dentes pré-molares indianos adultos é aqui relatada possivelmente pela primeira vez. Utilizámos a nanoindentação com um nanoindentador Berkovich a uma carga máxima constante de 100 mN para determinar H e E. A CCI é determinada utilizando o indentador Vickers a uma carga de 4,9 N. As magnitudes de H e E degradam-se continuamente à medida que passamos do esmalte exterior para a dentina interior. Por outro lado, a CCI é baixa no início da região nanocompósita do esmalte médio, mas aumenta cerca de 40% dentro de cerca de 10 pm da zona DEJ. O K_{IC} é ainda previsto utilizando modelos micromecânicos clássicos e o trabalho de fratura (y) é estimado em ~7 $J.m^{-2}$ que é da ordem dos dados (~13 $J.m^{-2}$) relatados na literatura.

Centrando-se principalmente no tecido do esmalte, a técnica de nanoindentação é utilizada para efetuar experiências com uma carga constante de 100 mN. Verifica-se que a nano-dureza aumenta constantemente à medida que se percorre a distância de uma região próxima do DEJ até à zona exterior do esmalte. As observações experimentais são explicadas por uma imagem racional e unificada das variações na nanodureza em termos de uma variação dependente da orientação na extensão da biomineralização à medida que se percorre a distância de uma região próxima da junção esmalte-dentina até à zona exterior do esmalte.

Outras experiências de nanoindentação no esmalte de dentes pré-molares humanos com a mesma carga constante de 100 mN revelam que a carga crítica (P_c), que significa a resistência intrínseca dos materiais contra o início de eventos de plasticidade incipientes à nanoescala da microestrutura, aumenta aparentemente com o aumento da taxa de carga. Tanto quanto sabemos, esta é possivelmente a primeira observação no domínio da nanoindentação relacionada com a medicina dentária.

A possível explicação relacionada com esta observação é sugerida como sendo a extensão da recuperação elástica ou a falta dela na fase da matriz biopolimérica do nanocompósito de esmalte em resposta às taxas de carga mais baixas e mais altas aplicadas nas actuais experiências de nanoindentação.

Além disso, é efectuado um estudo pormenorizado da ocorrência de "pop-ins" e "pop-outs" na zona interior, média e exterior do esmalte. Observa-se a ocorrência de um maior número de eventos de pop-in e pop-out à medida que se passa das regiões interiores para as exteriores do esmalte. Para compreender e explicar este comportamento, é necessário efetuar um estudo de nanoindentação mais pormenorizado.

Além disso, o comportamento de fluência por nanoindentação do esmalte humano é investigado à temperatura ambiente utilizando o nanoindentador Berkovich com uma carga máxima constante de 50 mN. Os tempos de espera à carga máxima, ou seja, os tempos de fluência, variam de 1 segundo a 60 segundos. Os resultados actuais mostram que o esmalte tem a capacidade de se deformar e tem uma sensibilidade de taxa de deformação que aumenta com o aumento do tempo de deformação. O módulo de Young do esmalte é insensível ao aumento do tempo de fluência (Fig. 8.3a), enquanto a nano-dureza apresenta apenas uma ligeira diminuição de cerca de 3% com o aumento do tempo de fluência. Estes dados mostram que o esmalte é menos rígido à medida que o período de fluência aumenta. Com base nestes dados, especula-se que o nanocompósito de esmalte pode apresentar uma natureza viscoelástica e viscoplástica. Isto é fundamental para os tecidos duros naturais, de modo a proporcionar um efeito de amortecimento e distribuir as tensões que aumentam rapidamente em condições de carga funcional. Neste caso, o componente proteico bio-polimérico pode desempenhar um papel importante no relaxamento de tensões de contacto altamente localizadas.

Por outro lado, são também efectuadas experiências de nanoindentação por fluência para tempos de espera de 1 s a 60 s aplicados na região da dentina do dente pré-molar de um homem indiano de 35 anos de idade. As experiências são efectuadas com uma carga máxima constante de 100 mN. Os resultados mostram que a nanodureza e o módulo de Young da região da dentina aumentam cerca de 15% e 33%, respetivamente, com o aumento do tempo de retenção de 1 s para 60 s. Além disso, as sensibilidades à taxa de deformação da dentina humana utilizada no presente trabalho são muito baixas, por exemplo 0,02 para uma taxa de deformação até 8×10^{-3} e 0,04 para uma gama de taxas de deformação superiores a cerca de 8×10 s^{-3-1} até, por exemplo, 18×10 s^{-3-1} , sugerindo a possibilidade de deformação de cisalhamento localizada.

Por fim, as previsões dos dados do módulo de Young são efectuadas utilizando o modelo de Voigt, o modelo de Reuss, a abordagem de contiguidade, as equações de Halpin-Tsai e, finalmente, o modelo de cadeia de cisalhamento por tensão. Os dados previstos correspondem bastante bem quando as direcções de carga são consideradas transversais às fibras (por exemplo, as condições de iso-tensão). O modelo TSC, no entanto, prevê o módulo de Young mais próximo dos dados experimentais, mas na direção longitudinal.

Este capítulo conclui os resultados do presente estudo. As experiências adicionais realizadas no decurso do presente estudo permitiram desenvolver algumas possibilidades de trabalho futuro. O âmbito do trabalho futuro é discutido no próximo capítulo, ou seja, no capítulo 12.

Capítulo 12

Por último, apresenta uma discussão sobre a necessidade e o âmbito do trabalho futuro. Os pormenores são apresentados a seguir.

É interessante notar, a partir do trabalho já discutido nesta tese, que a resposta das várias regiões do dente é realmente dependente das variações paramétricas, das interações entre a microestrutura e a carga e do ângulo entre o eixo da carga e a haste. O efeito da taxa de carga é visto como um mecanismo genérico que diz respeito a sólidos frágeis e isto exige que esta questão seja melhor compreendida para permitir uma melhor engenharia de materiais. A estrutura tridimensional finamente tecida mostra uma extrema resiliência a cargas externas e, por conseguinte, a avaliação das propriedades nanomecânicas realça definitivamente o vasto âmbito e a necessidade de desenvolver uma melhor compreensão científica para o fabrico de materiais de restauração dentária. O que se apresenta a seguir é apenas um vislumbre de algumas questões específicas de interesse que se considera merecedoras de atenção científica nos próximos tempos.

12.1 Efeito da carga na nanodureza e no módulo de Young do nanocompósito de esmalte em experiências de nanoindentação a uma taxa de carga constante

É interessante notar que, a uma taxa de carga constante de 1mN.s^{-1} , há uma queda na nano-dureza e no módulo de Young do nanocompósito de esmalte com o aumento da carga (Figura 12.1). Este fenómeno é conhecido como o efeito do tamanho da indentação (ISE).

Trata-se de um fenómeno significativo que descreve o aumento dos valores de dureza com a diminuição das cargas e/ou da profundidade de indentação [1]. O grande número de explicações desenvolvidas para o ISE foi revisto recentemente [2]. No entanto, acredita-se que a explicação mais criticamente avaliada e teoricamente bem fundamentada da ISE se deve à organização e reorganização da rede de deslocações sob a indentação durante o processo de indentação, tal como descrito pelo modelo de Nix e Gao [1].

O mecanismo desta ISE proeminente no nanocompósito de esmalte é obviamente uma questão importante a ser estudada em pormenor. Será definitivamente necessário mais trabalho para compreender esta resposta peculiar do esmalte nanocompósito.

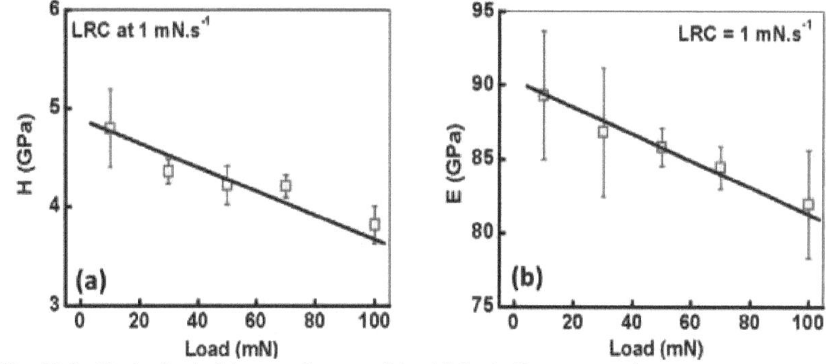

Fig. 12.1 : Variação de (a) nano-dureza e (b) módulo de Young com efeito em aumento da carga.

12.2 Efeito das variações da taxa de carga na nanodureza e no módulo de Young do nanocompósito de esmalte em experiências de nanoindentação realizadas com cargas relativamente elevadas

O dente experimenta taxas de carga variáveis durante vários movimentos mastigatórios. Nesta tese, apenas se inclui o efeito das variações da taxa de carga a uma carga máxima constante de 100 mN. Mas o efeito das variações da taxa de carga na nanodureza e no módulo de Young do nanocompósito de esmalte em experiências de nanoindentação realizadas com cargas relativamente mais elevadas também precisa de ser investigado para compreender a resposta do material.

Além disso, a explicação para tais respostas constitui uma grande área de investigação e a base de conhecimentos gerada ajudará a melhorar os dentes preparados artificialmente. Os relatórios sobre os efeitos da taxa de carga na dureza do vidro e da cerâmica são contraditórios [3-7]. A microdureza do vidro aumenta [4], diminui [5, 6], ou permanece independente da taxa de carga [7], enquanto a nano-dureza é ligeiramente reduzida [8], permanece independente da carga [9-11], ou depende da carga [12, 13].

O efeito das variações da taxa de carga na nanodureza e no módulo de Young do nanocompósito de esmalte em experiências de nanoindentação realizadas com uma carga relativamente mais elevada de 200 mN é mostrado na Fig. 12.2a e na Fig. 12.2b, respetivamente. O efeito das variações da taxa de carga na nanodureza e no módulo de Young do nanocompósito de esmalte em experiências de nanoindentação realizadas com uma carga relativamente mais elevada de 400 mN é mostrado nas Fig. 12.3a e Fig. 12.3b, respetivamente. É interessante verificar que, no caso de uma carga constante de 200 mN, a nanodureza e o módulo de Young do nanocompósito de esmalte aumentam inicialmente com o aumento da taxa de carga, seguindo-se uma região em que ambas as propriedades diminuem com o aumento da taxa de carga. No entanto, no caso de uma carga constante de 400 mN, a nanodureza e o módulo de Young do nanocompósito de esmalte diminuem inicialmente com o aumento da taxa de carga, seguindo-se uma região de saturação que ocorre com o aumento das taxas de carga. As razões para estes resultados aparentemente contraditórios ainda não são conhecidas. Estas observações experimentais exigem, portanto, mais trabalho para que sejam encontradas explicações plausíveis.

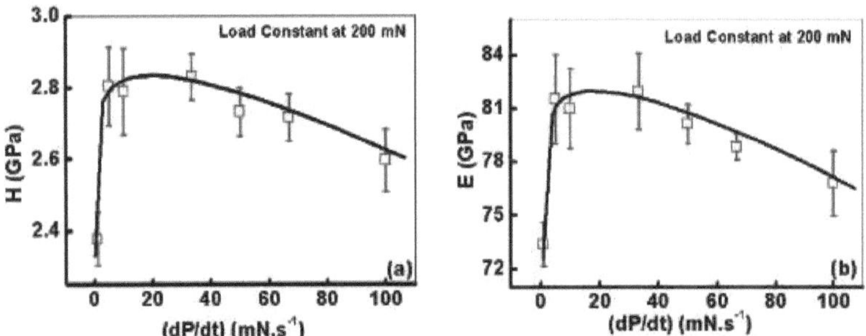

Fig. 12.2: Variações (a) da nanodureza e (b) do módulo de Young do nanocompósito de esmalte em função das variações da taxa de carga a uma carga máxima constante de 400 mN.

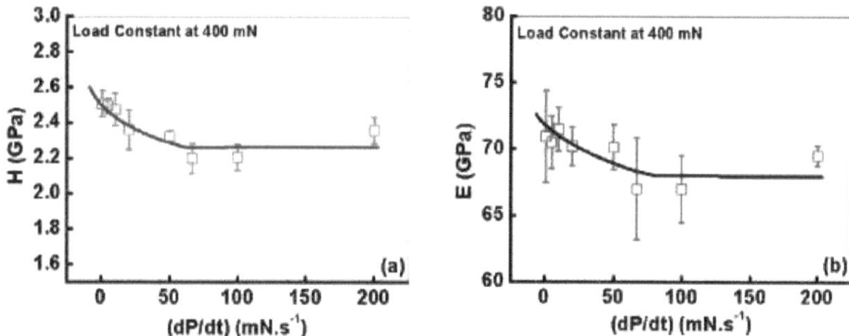

Fig. 12.3: *Variações de (a) nano-dureza e (b) módulo de Young do nanocompósito de esmalte em função das variações na taxa de carga a uma carga máxima constante de 400 mN.*

12.3 Efeito das variações de carga na fluência do nanocompósito de esmalte a um tempo de fluência constante de 60 segundos

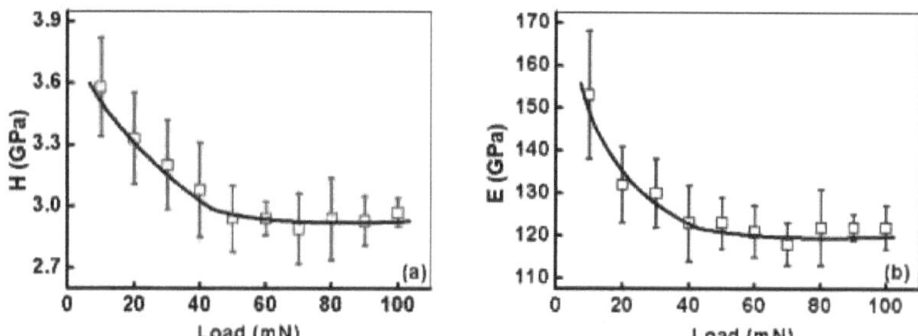

Fig. 12.4: *Variações de (a) nano-dureza e (b) módulo de Young do nanocompósito de esmalte em função das variações de carga a um tempo de fluência constante de 60 segundos.*

As variações da nanodureza e do módulo de Young do nanocompósito de esmalte em função das variações de carga a um tempo de fluência constante de 60 segundos são apresentadas, respetivamente, nas Fig. 12.4a e 12.4b. É muito interessante notar, a partir dos dados apresentados nas Fig. 12.4a e 12.4b, que existe um efeito proeminente da carga na nanodureza e no módulo de Young do nanocompósito até 40 mN, após o que se regista uma saturação. A amostra apresenta uma quantidade significativa de ISE. A explicação para tal ISE no nanocompósito de esmalte ainda não é conhecida. Da mesma forma, o

O mecanismo pelo qual a saturação é atingida com cargas superiores a 40 mN ainda não é conhecido. Estas novas observações experimentais fornecem, assim, uma nova região que exige mais investigação no futuro. Estes estudos fornecerão certamente novos conhecimentos sobre a resposta à fluência por nanoindentação e o mecanismo relacionado com o nanocompósito de esmalte.

12.4 Exploração da nano-dureza instantânea durante a fluência em nanocompósitos de esmalte

A variação da nanodureza instantânea durante o aumento do período de retenção é observada em pormenor para o caso em que o tempo de fluência é de apenas 1 segundo, Fig. 12.5a, b. O gráfico da profundidade de carga de um nanoindent típico com 1 segundo de fluência a uma carga constante de 50 mN e um tempo de carga (t_l) e descarga (t_{ul}) de 30 s é apresentado na Fig. 12.5a. A vista explodida que mostra a fluência no nanocompósito de esmalte é apresentada na Figura 12.5b. Os dados apresentados na Figura 12.5b confirmam claramente que o nanocompósito de esmalte sofre uma deformação viscoelástica, apesar do facto de ser composto por mais de 95% de mineral inorgânico.

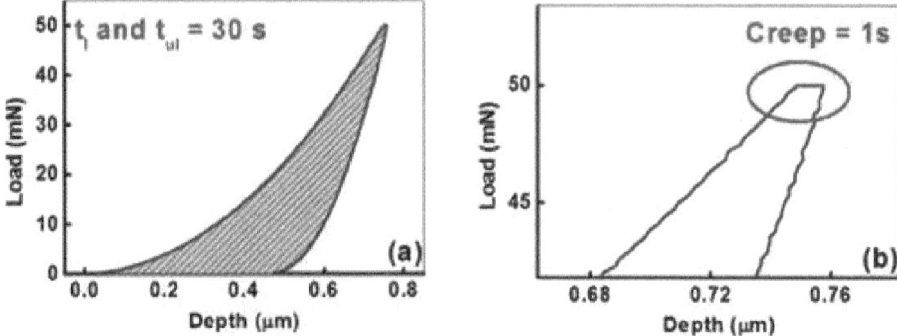

Fig. 12.5: (a) Curva carga-profundidade típica com um tempo de retenção de 1 segundo, (b) Vista explodida mostrando a propriedade dependente do tempo.

A alteração da profundidade durante a fluência é de ~ 9 nm, Fig. 12.5b. Isto indica novamente que a resposta num intervalo de tempo tão pequeno é da ordem de um tamanho de cristalito (cristais de hidroxiapatite) de ~ 40 nm de comprimento. Cada cristal está rodeado por uma camada muito fina (~2 nm) de matriz proteica orgânica.

Assim, a interação é basicamente com a ponta do indentador e os nanocristais. A deformação gerada na amostra é acomodada principalmente pelo mecanismo de dissipação de carga que ocorre entre os nanocristais e a cadeia proteica que envolve os nanocristais.

Mais uma vez, também podemos dizer que esta pequena alteração na profundidade ou pequena deformação gerada na amostra está praticamente a ocorrer numa única barra de esmalte. Para todas as dez indentações efectuadas no caso acima referido, a resposta é gerada pelos nanocristais que se encontram em diferentes barras de esmalte e que também se encontram em diferentes ângulos em relação ao eixo da barra, experimentando assim cargas em diferentes ângulos. Os valores instantâneos de nanodureza são calculados e representados num gráfico em função da taxa de deformação para todas as dez indentações, como indicado na Fig. 12.6a-j.

Verifica-se que a nanodureza do nanocompósito de esmalte aumenta com o aumento da taxa de deformação. Mas o aumento não segue um padrão suave. O padrão é muito rugoso, com linhas em ziguezague que mostram tanto o aumento como a diminuição durante a acomodação da tensão no interior da amostra.

É muito importante notar que, embora os nanocristais estejam a enfrentar diferentes direcções de carga para o caso de todos estes dez nanoindentações, inicialmente a curva move-se na direção x negativa, mostrando um decréscimo no valor da nanodureza. Assim, traçámos uma linha reta através dos pontos, indicando um aumento médio da nanodureza. Assim, o número de dobras em ambos os lados da linha é contado e os ângulos de dobra também são medidos. Os dados sobre o número total de curvas em cada lado da linha média e também os ângulos de curvatura em cada lado para todos os dez casos são apresentados na Tabela 12.1.

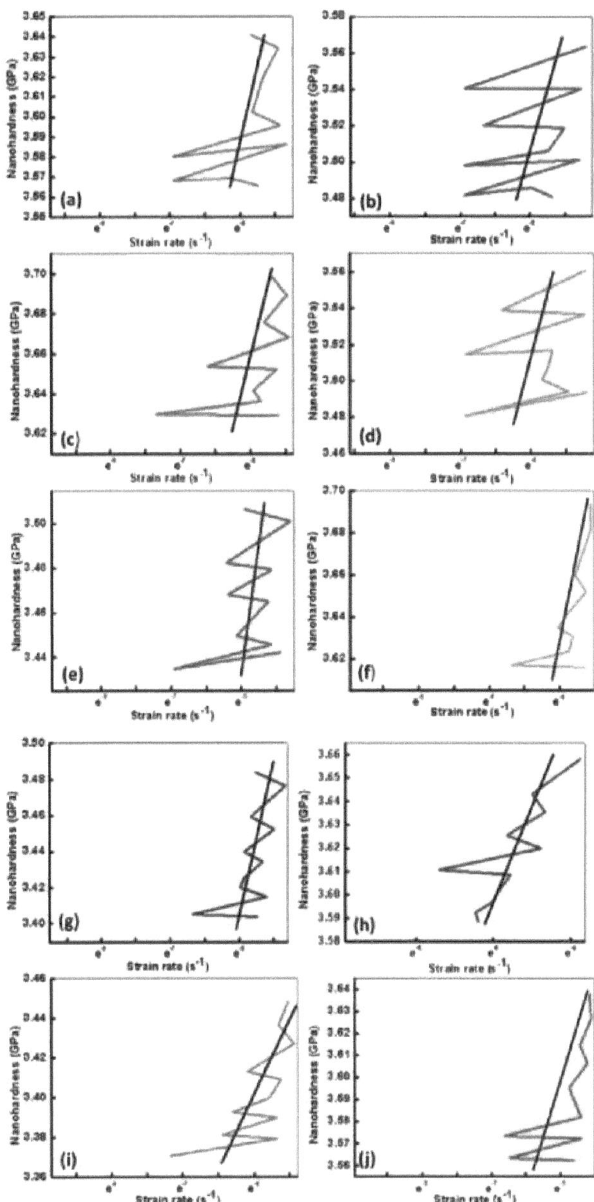

Fig. 12.6a-j: *Variação dos valores de nanodureza instantânea do esmalte* ˙ ˙ *dd*
nanocompósito em função da variação da taxa de deformação para a (a) 1ˢᵗ (b) 2ⁿᵈ (c) 3ʳᵈ (d)
4ᵗʰ (e) 5ᵗʰ (f) 6ᵗʰ (g) 7ᵗʰ (h) 8ᵗʰ (i) 9ᵗʰ e (j) 10ᵗʰ nanoindentação.
A linha média desenhada à mão é apenas sugestiva da tendência de variação dos dados
experimentais. Vê-se que tem uma inclinação positiva em relação ao eixo x. A inclinação para
todos os dez casos situa-se entre 66 e 78 graus.

127

Isto dá-nos novamente uma pista de que esta observação pode estar relacionada com a possível mudança de orientação dos nanocristais, causando assim diferentes interações angulares entre os nanocristais e o eixo da carga. Esta observação dá-nos mais uma vez uma explicação para os diferentes padrões das linhas em ziguezague para cada uma das dez nano-arestas. Esta é certamente uma área que exige grande atenção em futuras investigações sobre a fluência do nanocompósito de esmalte.

Tabela 12.1: Tabela que mostra a inclinação da linha, o número de curvas e os ângulos de curvatura.

Indentação Número	Inclinação da linha média	N.º de curvas à esquerda	Ângulos de curvatura consecutivos do lado esquerdo	N.º de curvas à direita	Ângulos de curvatura consecutivos do lado direito
1	77^{0}	2	14°, 9°	3	169°, 140°, 98°
2	77^{0}	4	10°, 6°, 20°, 17°	3	162°, 121°, 162°
3	77^{0}	2	8°, 23°	4	120°, 138°, 131°, 100°
4	77^{0}	3	1°, 14°, 25°	3	146°, 107°, 161°
5	78^{0}	4	5°, 60°, 37°, 40°	4	154°, 125°, 144°, 136°
6	78^{0}	2	13°, 80°	2	78°, 80°
7	79^{0}	4	12°, 80°, 60°, 60°	4	150°, 114°, 120°, 120°
8	$\overline{67}^{0}$	4	90°, 14°, 45°, 85°	3	131°, 150°, 100°
9	$\overline{66}^{,0}$	4	20°, 25°, 40°, 110°	4	168°, 158°, 110°, 106°
10	75^{0}	2	16°, 16°	3	167°, 104°, 70°

12.5 Pop-Ins em esmalte e dentina

Há dois conjuntos de gráficos P-h mostrados na Fig. 12.7. O da esquerda é visto como sendo muito rígida e elástica. A profundidade final aqui é de apenas 535 nm. Este gráfico corresponde à experiência de nanoindentação efectuada na região do esmalte. Por outro lado, o gráfico do lado direito sofre uma deformação muito mais plástica. A profundidade final aqui é tão elevada como, por exemplo, 1394 nm. Poderemos explicar estas observações em termos de interações entre a microestrutura e o penetrador? A resposta a esta questão deverá fornecer uma determinada região de importância para estudos futuros.

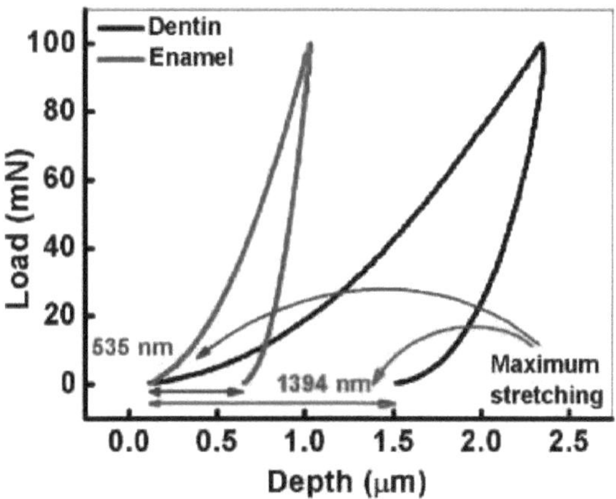

Fig. 12.7: Curvas carga-profundidade típicas das regiões do esmalte e da dentina.

A curva vermelha que indica a região do esmalte é altamente rígida, o que significa que é muito mais elástica e menos deformada plasticamente do que a da região da dentina. A área sob a curva que indica a energia plástica mostra que a dentina sofre uma deformação plástica muito maior. A profundidade final de penetração no caso da curva da dentina é cerca de três vezes superior à da curva do esmalte. A curva do esmalte é muito mais suave do que a da dentina, o que denota uma menor deformação plástica à escala do microcomprimento da região do esmalte.

Ao nível da nanoescala, cada prisma de esmalte dentário contém numerosas barras de cristal HAP com um diâmetro de cerca de 50 nm e orientadas ao longo do eixo do prisma. Uma camada orgânica de nanómetros de espessura separa estas barras. Assim, em resposta à carga aplicada, a matriz de biopolímeros pode cisalhar em várias extensões para acomodar a tensão devida à deformação imposta e, no processo, a matriz pode também transferir a carga entre os componentes minerais adjacentes. Por conseguinte, conclui-se que ao nível da nanoescala, um processo sequencial de (a) carregamento repetitivo, (b) transferência de carga, (c) descarregamento e (d) processo de carregamento subsequente ocorrerá durante a penetração e retirada do nanoindentador para dentro e para fora da microestrutura do esmalte. Foi proposto noutro local [24] que estes passos caraterísticos de deformação à nanoescala podem dar origem a micro eventos de pop-in nos nanocompósitos de esmalte.

No entanto, é importante investigar o surgimento de pop-ins na região da dentina. A vista explodida das curvas é mostrada na Fig. 12.8. Observa-se que a carga crítica que denota o início da plasticidade à escala nanométrica é maior no caso da região da dentina do que na região do esmalte. Também é muito importante observar que a primeira volta experimentada pela ponta do indentador, como se mostra na Fig. 12.8, é muito mais elevada do que a volta experimentada na região da dentina. É praticamente quatro vezes maior na região do esmalte do que na região da dentina.

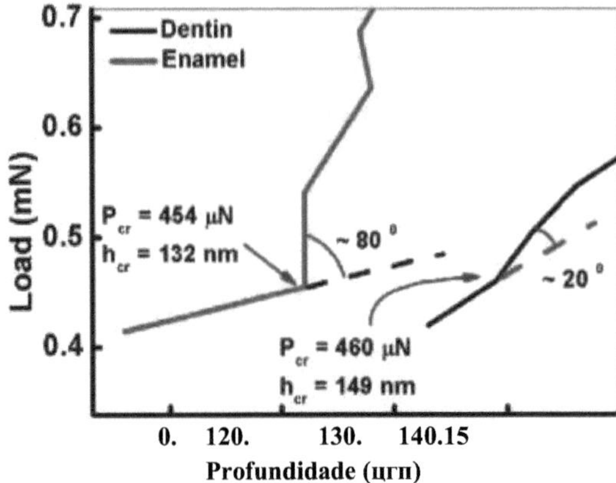

Fig. 12.8: Vista explodida dos gráficos típicos de carga-profundidade das regiões do esmalte e da dentina.

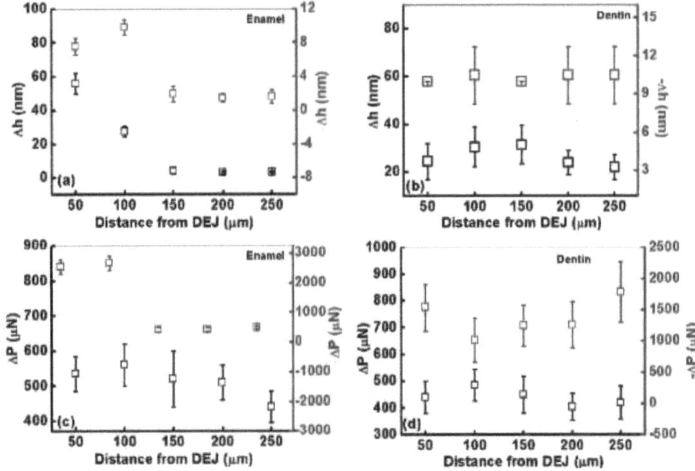

Fig. 12.9: Os gráficos mostram os aumentos de profundidade e os decréscimos de profundidade nas regiões (a) do esmalte e (b) da dentina, os aumentos de carga e os decréscimos de carga nas regiões (c) do esmalte e (d) da dentina com o aumento da distância ao DEJ.

A tendência das variações nos dados experimentais sobre os incrementos de profundidade e os decréscimos de profundidade durante dois eventos consecutivos de plasticidade à nanoescala nas regiões do esmalte e da dentina são mostrados em correspondência na Fig. 12.9 (a) e na Fig. 12.9 (b) em função do aumento da distância ao DEJ. Do mesmo modo, a tendência das variações nos dados experimentais sobre os aumentos de carga e as diminuições de carga durante dois eventos consecutivos de plasticidade à nanoescala nas regiões do esmalte e da dentina é mostrada em correspondência na Fig. 12.9 (c) e na Fig. 12.9 (d) em função do aumento da distância ao DEJ.

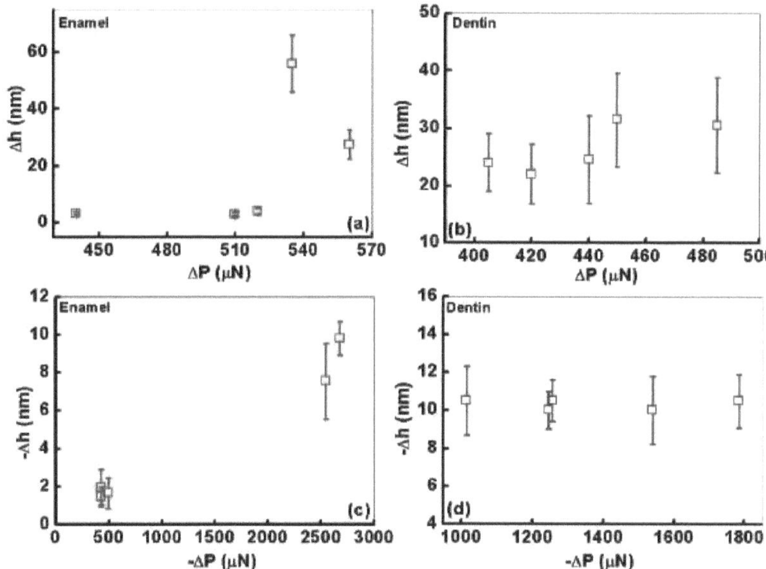

Fig. 12.10: *A variação dos incrementos de profundidade com o incremento de carga nas regiões (a) do esmalte e (b) da dentina, a variação dos decrementos de profundidade com o decremento de carga nas regiões (c) do esmalte e (d) da dentina.*

A tendência das variações nos dados experimentais sobre os aumentos de profundidade com os aumentos de carga durante dois eventos consecutivos de plasticidade à nanoescala nas regiões do esmalte e da dentina é mostrada em correspondência nas Fig. 12.10(a) e Fig. 12.10(b). Da mesma forma, a tendência das variações nos dados experimentais sobre os decréscimos de profundidade com os decréscimos de carga durante dois eventos consecutivos de plasticidade à nanoescala nas regiões do esmalte e da dentina é apresentada em correspondência nas Fig. 12.10 (c) e Fig. 12.10 (d).

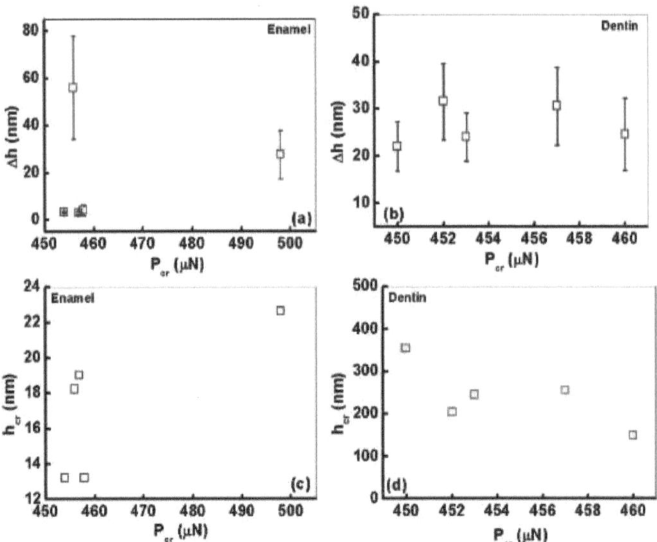

Fig. 12.11: *A variação do incremento de profundidade com a carga crítica nas regiões (a) do esmalte e (b) da dentina, a variação das profundidades críticas com a carga crítica nas regiões (c) do esmalte e (d) da dentina.*

A tendência das variações nos dados experimentais sobre os incrementos de profundidade com os incrementos de carga crítica durante dois eventos consecutivos de plasticidade à nanoescala nas regiões do esmalte e da dentina é mostrada em correspondência nas Fig. 12.11 (a) e Fig. 12.11 (b). Do mesmo modo, a tendência de variações nos dados experimentais sobre a profundidade crítica com incrementos de carga crítica durante dois eventos consecutivos de plasticidade à nanoescala nas regiões do esmalte e da dentina é apresentada em correspondência nas Fig. 12.11(c) e Fig. 12.11(d).

A presença de eventos "multiple micro pop-in" e "multiple micro pop-out" significa a ocorrência de iniciação de plasticidade à nanoescala da microestrutura e/ou geração de microfissuras durante o carregamento e/ou descarregamento. As magnitudes dos aumentos de carga (AP) e dos aumentos de profundidade (Ah) durante o carregamento e as dos decréscimos de carga (-AP) e dos decréscimos de profundidade (-Ah) durante o descarregamento correspondente
mostram tendências muito interessantes para as regiões do esmalte e da dentina (Fig. 12.8 a Fig.
12.11). Estas observações requerem uma análise mais pormenorizada e são necessárias explicações adequadas para explicar por que razão se observa este tipo de tendências.

132

12.12 Efeito das variações da taxa de carga nas propriedades nanomecânicas da dentina

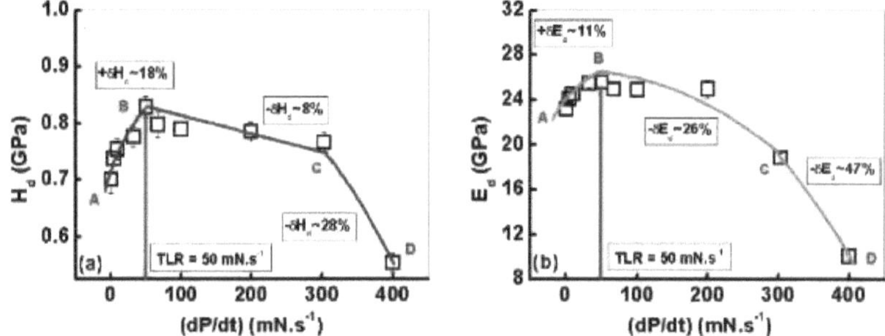

Fig. 12.12: *Variação da nano-dureza e do módulo de Young da dentina em função da taxa de carga.*

A Fig. 12.12a e a Fig. 12.12b mostram as alterações nos dados de nanodureza e módulo de Young da dentina com o aumento da taxa de carga de 1 para 400 mN.s^{-1} . A microestrutura da dentina é obviamente diferente da do esmalte. A dentina é muito mais resistente do que a região do esmalte. Por conseguinte, o mecanismo de dissipação de energia no caso da dentina deve ser diferente do do nanocompósito de esmalte.

Os dados apresentados na Fig. 12.12a e Fig. 12.12b mostram que, inicialmente, tanto a nanodureza como o módulo de Young da dentina aumentam com o aumento da taxa de carga. Mas após uma taxa de carga limite de 50 mN.s^{-1} a nanodureza e o módulo de Young degradam-se lentamente. Finalmente, observa-se uma queda acentuada na nanodureza e no módulo de Young a taxas de carga superiores a 300 mN.s^{-1} . Esta é uma nova observação no caso da dentina humana e, por isso, deve ser de grande interesse científico para estudos futuros.

12.13 Efeito da carga na nanodureza e no módulo de Young da dentina em nanoindentação: Experiências com uma taxa de carga constante

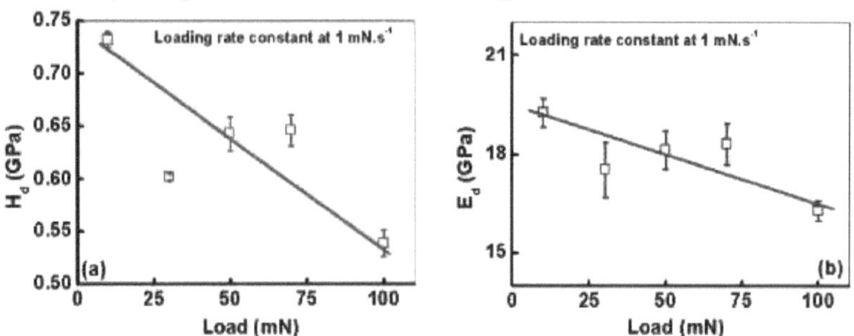

Fig. 12.13: *Presença de ISE forte na dentina humana em experiências de nanoindentação realizadas a uma taxa de carga constante de 1mN.s^{-1} : variações de (a) nano-dureza e (b) módulo de Young em função das cargas de nanoindentação aplicadas.*

As experiências de nanoindentação são realizadas na dentina a uma taxa de carga constante de 1 mN-s ₁ Os resultados (Fig. 12.13a e Fig. 12.13b) mostram a presença de um ISE notavelmente forte na nano-dureza e no módulo de Young da região da dentina dos dentes humanos. Mas a dentina é principalmente um material polimérico que é suposto apresentar uma resposta mais viscoelástica. Mas os dados experimentais reflectem uma tendência mais caraterística de um material fortemente frágil [1]. Assim, a questão genuína que se coloca é porque é que isso acontece e como é que isso acontece na dentina humana. As respostas a estas questões ainda não são conhecidas. Por conseguinte, estas observações constituem uma zona importante de investigação futura a realizar na resposta nanomecânica da dentina humana.

12.14 Inclusão do fator de orientação na previsão do módulo de Young do esmalte

Como discutimos no capítulo 10, foram efectuadas previsões detalhadas do módulo de Young do nanocompósito de esmalte utilizando várias abordagens das teorias de compósitos micromecânicos disponíveis na literatura. Aqui consideramos uma extensão destas abordagens. A extensão é construída em termos da orientação angular das barras de esmalte em diferentes regiões da microestrutura do esmalte em relação à direção em que a força externa é aplicada.

Em termos conceptuais, o módulo de Young significa basicamente a tensão (σ) necessária

$$E_c = \frac{\sigma}{\varepsilon}$$

para causar uma deformação unitária. Como tal, é medido classicamente como $E_c = \frac{\sigma}{\varepsilon}$ onde σ é a tensão e s é a deformação, *por si só*, dentro do limite Hookeano clássico. Para uma magnitude unitária de s, segue-se que E_c se assemelha a σ. Agora, o que é σ? Não é mais do que a força aplicada externamente (F) dividida pela área de suporte perpendicular (A).

$$\sigma = \frac{F}{A} \tag{12.1}$$

Agora pode haver duas variantes de F e A. Nas experiências de nanoindentação realizadas no presente trabalho, F representa a carga no nanoindentador. Idealmente, actua ao longo da direção da profundidade, ou seja, ao longo do eixo z para baixo. Classicamente, a área que é perpendicular a F contribui para o módulo de Young. Em termos de aproximação da modelação, tal situação refere-se aos casos em que todos os elementos de reforço (por exemplo, as barras de nanocristais HAP) são assumidos como estando numa direção que é exatamente perpendicular à direção da aplicação da carga (por exemplo, força).

No entanto, na nanoestrutura real do esmalte, existem regiões no domínio de contacto à escala nanométrica entre a ponta do nanoindentador e as hastes de esmalte onde a área de contacto microestrutural (A) não é exatamente perpendicular à ponta do nanoindentador, mas está orientada num determinado ângulo (a) em relação à direção de aplicação da carga. A situação é representada esquematicamente na Fig. 12.14. Nesta situação, o módulo de Young relevante será dado não por E_c mas pelo módulo de Young efetivo, E_{eff}. Assim, E_{eff} será agora dado não por F/A mas por F/A_{eff}.

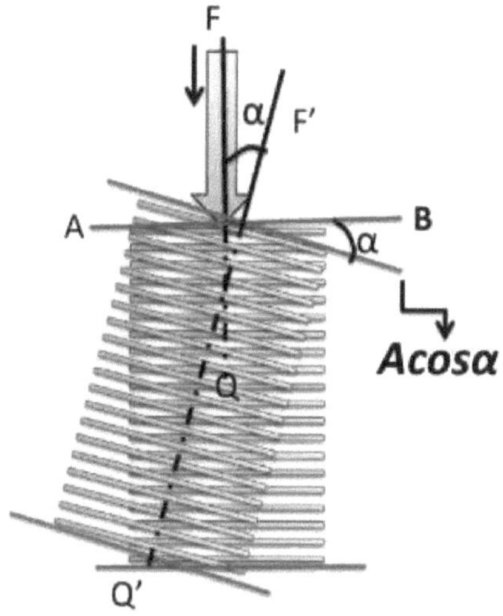

Fig. 12.14: **Diagrama** esquemático mostrando a área efectiva que participa durante o carregamento externo.

Da Fig. 12.14 resulta que A_{eff} é dado por (ACos a), então E_{eff} = F/(ACos a) = (F/A)/(Cosa) = (E_c)/(Cosa). Isto implica que, em tais condições, o módulo de Young previsto classicamente corresponderá aos dados experimentais apenas e só quando for diminuído por um fator de estrutura adequado, por exemplo, (Cosa). Os dados experimentais actuais (Fig. 12.15 e Tabela 12.2) sugerem que (a) pode variar tipicamente de cerca de 15° a 35 .°

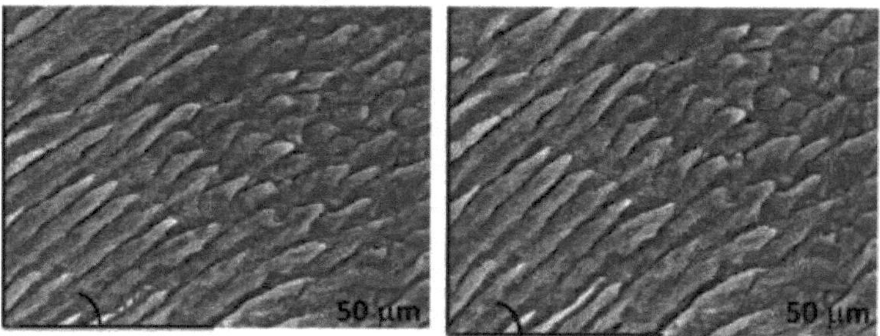

Fig. 12.15: Orientação das hastes de esmalte com variações de 20 e 35 graus.

No que diz respeito à modelação, a outra situação extrema ocorre quando todos os elementos de reforço da matriz biopolimérica se encontram numa direção paralela à direção de aplicação da carga. No entanto, a microestrutura real do esmalte sugere que pode haver uma região de contacto inteira orientada num ângulo a em relação à direção horizontal que é perfeitamente perpendicular à direção em que a força é aplicada.

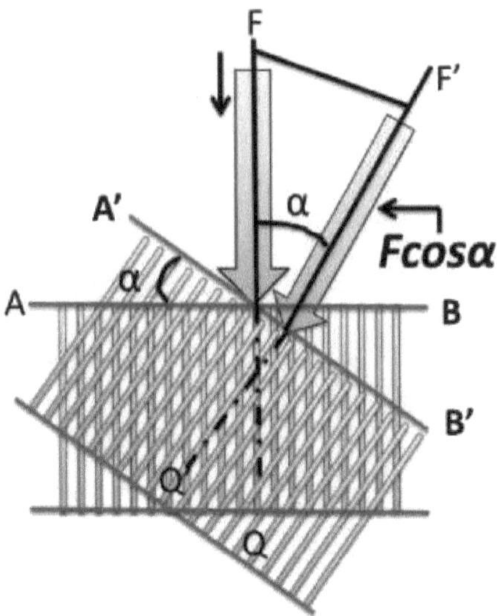

Fig. 12.16: *Diagrama esquemático mostrando a força efectiva que participa durante o carregamento externo.*

Como é difícil encontrar a contribuição da área para cada um destes elementos de reforço em contacto, é mais fácil considerar a componente da força que actuará perpendicularmente a essa região. Uma vez que o ângulo entre as duas linhas de cobertura entre as duas orientações é a, segue-se que o ângulo entre as linhas perpendiculares correspondentes também será como se mostra na Fig. 12.16. Por conseguinte, numa tal situação, o módulo de Young relevante será dado não por Ec mas pelo módulo de Young efetivo, Eeff. Assim, Eeff será agora dado não por F/A mas por Feff/A.

Segue-se da Fig. 12.16 que F_{eff} é dado por (F Cos a). Assim, E_{eff} = (F Cos a) /(A) = (F/A)(Cos a) = (E$_c$)(Cos a). Isto implica que, em tais condições, o módulo de Young previsto classicamente corresponderá aos dados experimentais apenas e só quando for amplificado por um fator de estrutura adequado, por exemplo, (Cos a). Os dados experimentais actuais (Fig. 12.17 e Tabela 12.2) sugerem que (a) pode variar tipicamente de cerca de 44^0 a 48 .^{0}

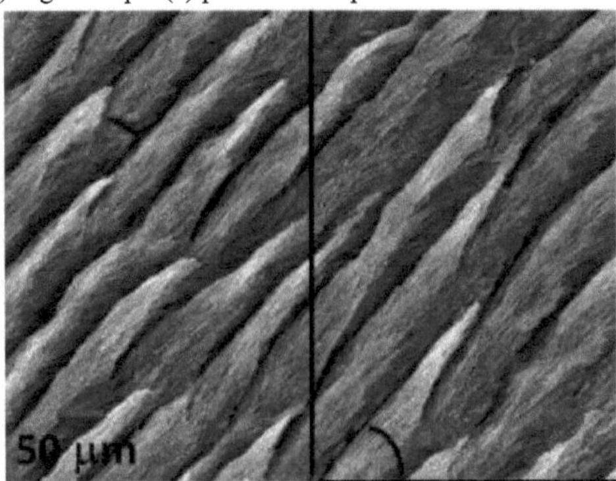

Fig. 12.17: *Orientação das hastes de esmalte com variações de 46 graus.*

Assim, os valores do módulo de Young previstos por vários modelos (Capítulo 10) são modificados em conformidade. Estes valores modificados do módulo de Young do nanocompósito de esmalte são comparados com os dados medidos experimentalmente no presente trabalho. As modificações são, naturalmente, efectuadas de modo a que as previsões coincidam com os dados medidos experimentalmente. No processo, os papéis importantes desempenhados pelas orientações angulares locais dos elementos de reforço no nanocompósito de esmalte são realçados para os diferentes modelos aplicados a diferentes regiões, por exemplo, regiões interiores, intermédias e exteriores do nanocompósito de esmalte. Os resultados deste exercício são apresentados de uma forma auto-explicativa nas Fig. 12.18 a Fig. 12.21.

Os dados apresentados na Fig. 12.18 mostram os valores do módulo de Young modificado para a "Regra das misturas". O fator (a) é de ~ 15° na direção da fibra (modelo Voigt), Fig. 12.18 (a-c). Como explicado acima, os dados previstos do módulo de Young (E_p) para as três regiões do nanocompósito de esmalte são multiplicados pelo termo (cos a) para o modelo de Voigt para obter previsões próximas dos dados experimentais.

O fator (a) é ~ 350 na direção perpendicular à direção da fibra (modelo de Reuss), 12.18 (d-f). Como explicado acima, os dados do módulo de Young previstos para as três regiões do nanocompósito de esmalte são divididos pelo termo (cosa) do modelo de Reuss para obter previsões próximas dos dados experimentais.

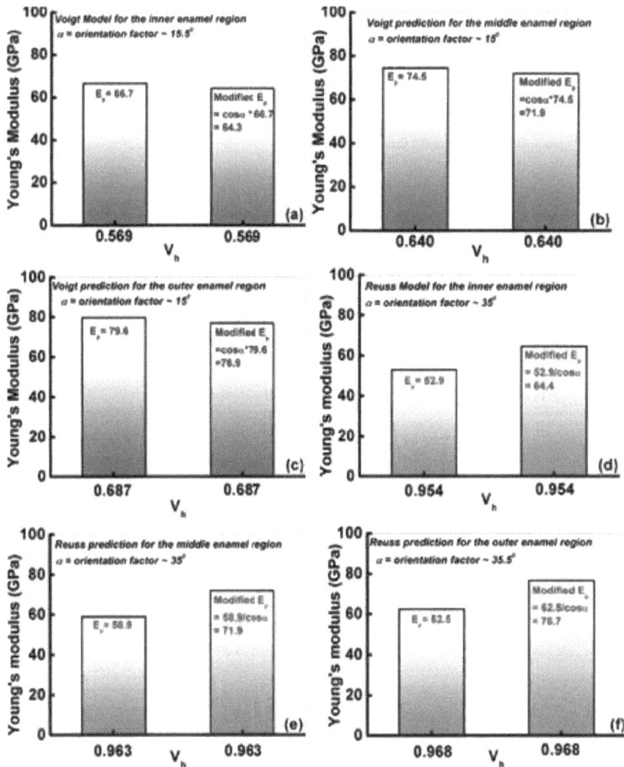

Fig. 12.18: Comparação do módulo de Young das experiências e dos modelos de Voigt modificado (a,b,c) e de Reuss modificado (d,e,f) para as regiões interior (a,d), média (b,e) e exterior (c,f) do esmalte.

Os dados apresentados na Fig. 12.19 mostram os valores do módulo de Young modificado para a "Teoria da Contiguidade". O fator (a) tem um valor aproximado de 21° na direção da fibra (Fig. 12.19 a-c). Da mesma forma, o fator (a) tem um valor aproximado de 17° perpendicular à direção da fibra (Fig. 12.19 d-f).

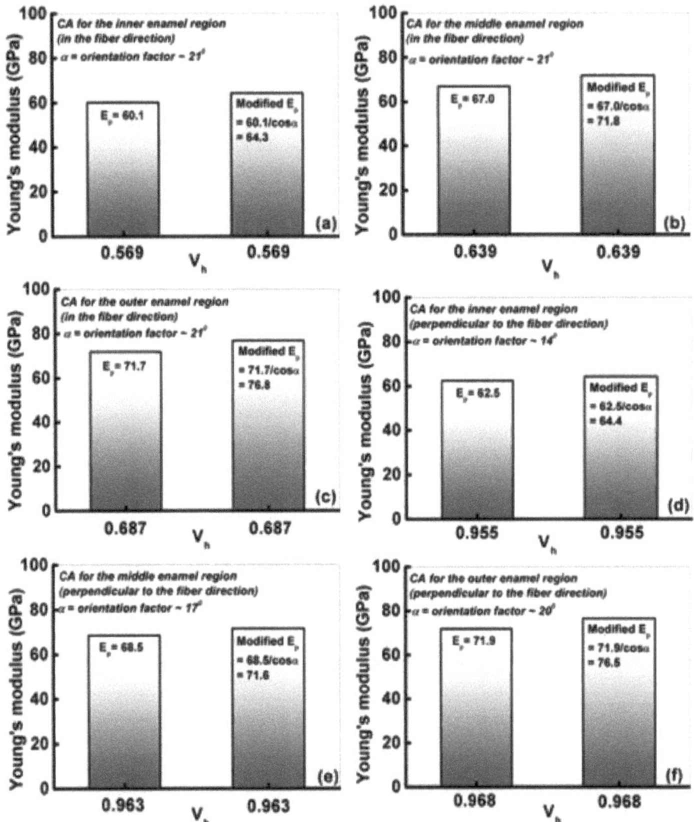

Fig. 12.19: Comparação do módulo de Young a partir de experiências e da Abordagem de Contiguidade Modificada, (a, b, c) paralelo à fibra e (d, e, f) perpendicular à fibra para as regiões interiores (a, d), intermédias (b, e) e exteriores (c, f) do esmalte.

No entanto, neste caso, os dados do módulo de Young previstos para as três regiões do nanocompósito de esmalte têm de ser divididos pelo termo (cosa) para ambos os casos, de modo a obter previsões próximas dos dados experimentais (Fig. 12.19 a-f).

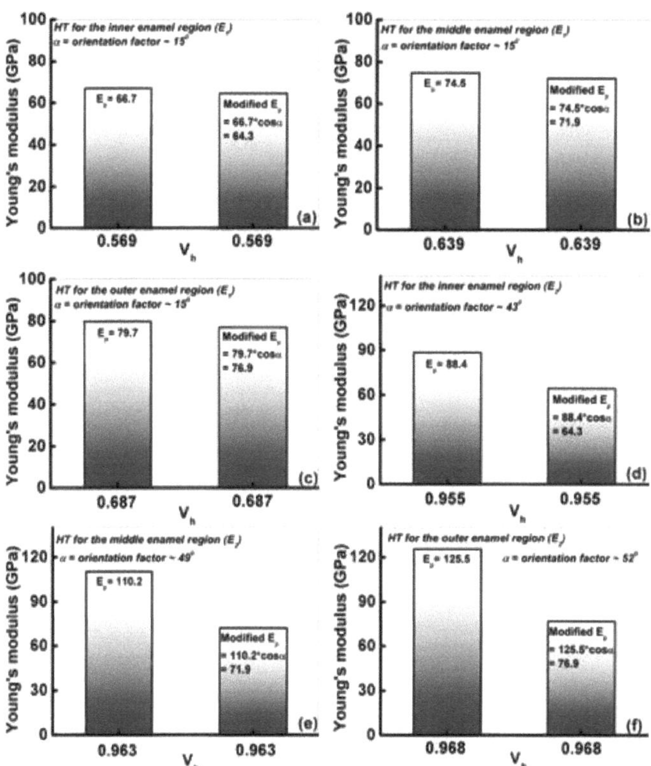

Fig. 12.20: *Comparação do módulo de Young das experiências e das equações de Halpin-Tsai modificadas, (a, b, c) paralelas à fibra e (d, e, f) perpendiculares à fibra para as regiões interiores (a, d), intermédias (b, e) e exteriores (c, f) do esmalte.*

Os dados apresentados na Fig. 12.20 ilustram os valores do módulo de Young modificado para as "Equações de Halpin-Tsai". O fator (a) tem um valor aproximado de 150 na direção da fibra (Fig. 12.20 a-c). Da mesma forma, o fator (a) tem um valor aproximado de 48^0 perpendicular à direção da fibra (Fig. 12.20 d-f). Os dados do módulo de Young previstos para as três regiões do nanocompósito de esmalte têm de ser multiplicados pelo termo (cos a) para ambos os casos, de modo a obter previsões próximas dos dados experimentais (Fig. 12.20 a-f). Finalmente, os dados apresentados na Fig. 12.21 mostram os valores modificados do módulo de Young para o "modelo de corrente de cisalhamento por tensão". O fator a tem um valor aproximado de 44° e os dados previstos do módulo de Young para todas as três regiões do nanocompósito de esmalte são multiplicados pelo termo (cos a) neste caso para obter previsões próximas de

os dados experimentais.

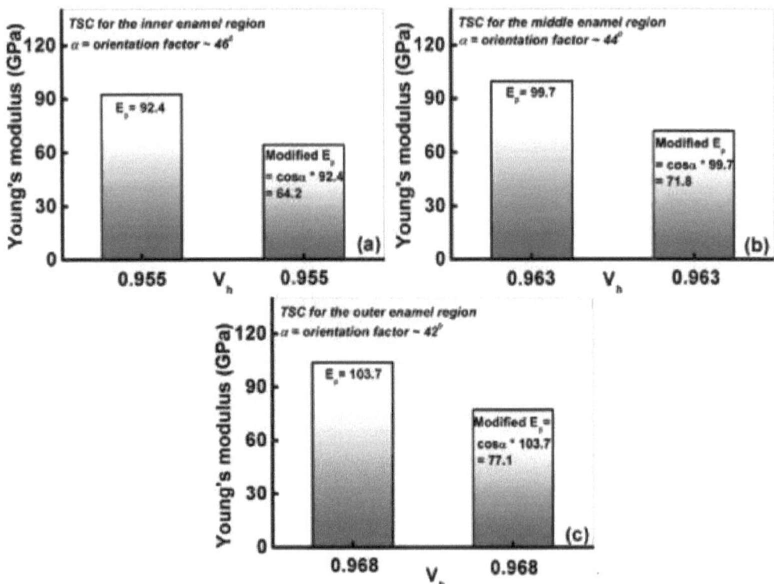

Fig. 12.21: *Comparação do módulo de Young de experiências e (a,b,c) - Abordagem de cisalhamento de tensão modificada para regiões interiores (a), intermédias (b) e exteriores (c) do esmalte.*

Uma visão resumida do fator de dependência da orientação (a) é apresentada em Tabela 12.2 para todas as diferentes regiões e modelos considerados em conjunto. Os dados apresentados na Tabela 12.2 mostram os vários modelos utilizados juntamente com as magnitudes médias do fator de orientação obtido para as três regiões do nanocompósito de esmalte. Em todas as figuras, E_p é o dado previsto (do capítulo 10).

Tabela 12.2: *Valores do fator de orientação utilizados nas diferentes abordagens*

Sl. Não	Modelo	Direção carga-fibra	Inserção do fator no valor previsto (E_p)	um valor
1	Voigt	Paralelo	$E_p (\cos\alpha)$ $E_p /\cos\alpha$	~ 15°
	Reuss	Perpendicular		~ 35°
2	Contiguidade	Paralela	$E_p /\cos\alpha$	~ 21°
		Perpendicular	$E_p /\cos\alpha$	~ 17°
3	Halpin-Tsai	Paralelo	$E_p (\cos\alpha)$	~ 15°
		Perpendicular	$E_p (\cos\alpha)$	~ 48
4	Tensão-Cisalhamento Cadeia	Paralelo	$E_p (\cos\alpha)$	~ 44

De todos os casos acima referidos, observa-se que, na maioria dos casos, por exemplo, em 4 dos 7 casos totais, o módulo de Young é modificado através da multiplicação pelo termo (cos a) para efetuar previsões próximas do valor experimental. Nos restantes três casos, no entanto, o módulo de Young é modificado através da divisão pelo termo (cos a) para fazer previsões próximas do valor experimental.

O ponto mais importante que resulta deste simples esforço é a importância caraterística genuína da orientação local dos nanobastões de HAP de reforço na avaliação experimental do módulo de Young das diferentes regiões do nanocompósito de esmalte através da técnica de nanoindentação, bem como a previsão do mesmo.

Atualmente, os modelos existentes não têm em conta estas dependências orientacionais. O simples facto de, mesmo com uma abordagem rudimentar de primeira ordem, se ter obtido uma correspondência estreita entre os dados previstos e os dados experimentais do módulo de Young das diferentes regiões do nanocompósito de esmalte, sugere fortemente a questão da dependência orientacional dos elementos de reforço como uma área significativa de investigação futura no nanocompósito de esmalte.

Referências

[1] W. D. Nix e H. Gao, "Indentation Size Effects in Crystalline materials: A law for strain gradient plasticity," Journal of the Mechanics and Physics of Solids, 46 (1998) 411-425.

[2] G. M. Pharr, E. G. Herbert e Y. Gao, "The Indentation Size Effect: A Critical Examination of Experimental Observations and Mechanistic Interpretations," Annual Review of Materials Research, 40 (2010) 271-292.

[3] S. P. Gunasekera e D. G. Holloway, "Effect of Loading Time and Environment on the Indentation Hardness of Glass", Physics and Chemistry of Glasses, 14 (1973) 45-52.

[4] C. J. Fairbanks, R. S. Polvani, S. M. Wiederhorn, B. J. Hockey, e B. J. Lawn, "Rate Effects in Hardness," Journal of Materials Science Letters, 1 (1982) 391-393.

[5] M. Yoshioka e N. Yoshioka, "Dynamic Process of Vickers Indentation Made on Glass Surfaces," Journal of Applied Physics, 78 (1995) 3431-3437.

[6] L. Ainsworth, "The diamond pyramid hardness of glass in relation to the strength and structure of glass," Journals: Society of Glass Technology, 38 (1954) 479-500.

[7] L. Honhne e C. Ullner, "How does indentation velocity influence the recording hardness value", VDI Berichte, 1194 (1995) 119-128.

[8] C.L. Eriksson, P.L. Larsson, e D.J. Rowcliffe, "Strain-hardening and residual stress effects in plastic zones around indentations," Material Science and Engineering A, 340 (2003) 193-203.

[9] J. Gong, H. Miao, e Z. Peng, "On the contact area for nanoindentation tests with Berkovich indenter: case study on soda-lime glass," Materials Letters, 58 (2004) 13491353.

[10] K.O. Kese, Z.C. Li, e B. Bergman, "Method to account for true contact area in soda-lime glass during nanoindentation with the Berkovich tip," Material Science and Engineering A, 404 (2005) 1-8.

[11] K. Kese e Z. C. Li, "Semi-ellipse method for accounting for the pile-up contact area during nanoindentation with the Berkovich indentor," Scripta Materialia, 55 (2006) 699-702.

[12] Z. Peng, J. Gong, e H. Miao, "On the description of indentation size effect in hardness testing for ceramics: analysis of the nanoindentation data," Journal of the European Ceramic Society, 24 (2004) 2193-2201.

[13] P. Grau, G. Berg, H. Meinhard, e S. Mosch, "Strain Rate Dependence of the Hardness of Glass and Meyer's Law," Journal of the American Ceramic Society, 81 (1998) 1557-1564.

Printed by Books on Demand GmbH, Norderstedt / Germany